好玩的
逻辑思考
练习册

論理的思考力が の 時間
で身につく本

[日] **北村良子** 著

范丹 译

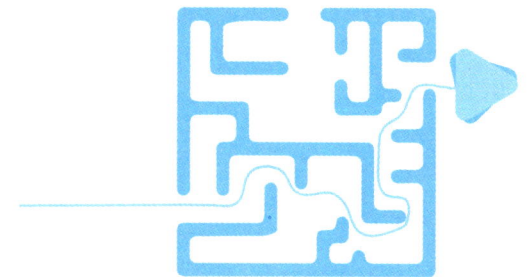

北京时代华文书局

图书在版编目（CIP）数据

好玩的逻辑思考练习册 /（日）北村良子著；范丹译. — 北京：北京时代华文书局，2020.1
　ISBN 978-7-5699-3435-9

Ⅰ.①好… Ⅱ.①北… ②范… Ⅲ.①逻辑思维 Ⅳ.①B804.1

中国版本图书馆CIP数据核字（2020）第009064号

RONRITEKI SHIKOURYOKU GA 6-JIKAN DE MINITSUKU HON
Copyright © 2018 by Ryoko KITAMURA
Illustrations by Keiko KITAMURA
Interior design by DIGICAL
First published in Japan in 2018 by Daiwashuppan, Inc. Japan.
Simplified Chinese translation rights arranged with PHP Institute, Inc. through Bardon-Chinese Media Agency.

好玩的逻辑思考练习册
HAOWAN DE LUOJI SIKAO LIANXI CE

编　　著｜[日]北村良子
译　　者｜范　丹
出版人｜陈　涛
责任编辑｜周　磊　余荣才
责任校对｜徐敏峰
装帧设计｜私书坊_刘　俊　蓝嬉文　赵芝英
责任印制｜刘　银　訾　敬

出版发行｜时代出版传媒股份有限公司　http://www.press-mart.com
　　　　　北京时代华文书局　http://www.bjsdsj.com.cn
　　　　　北京市东城区安定门外大街138号皇城国际大厦A座8楼
　　　　　邮编：100011　电话：010-64267955　64267677

印　　刷｜凯德印刷（天津）有限公司　022-29644128
　　　　　（如发现印装质量问题，请与印刷厂联系调换）

开　　本｜880mm×1230mm　1/32　印　张｜6　字　数｜125千字
版　　次｜2020年10月第1版
印　　次｜2020年10月第1次印刷
书　　号｜ISBN 978-7-5699-3435-9
定　　价｜42.00元

版权所有，侵权必究

假如您遇到了以下问题：
下面这些人之中，只有一个人在说谎。那么，他究竟是谁呢？

A 👤　D没有说谎

B 👤　我能吃20个饼

C 👤　我学生时代曾去20个国家旅游过

D 👤　我没有说谎

E 👤　C是诚实的人

"我不擅长
这种问题。"

"我对此
毫无头绪。"

"我对此连想
都懒得想。"

您是否会有这样的想法呢？

即使有也没关系。

当您看完本书之后，像这样的问题都会迎刃而解。

这个问题的解法如下。

首先假设"A在说谎"。

接着得出"D也在说谎"的结论。

而问题的前提条件是"只有一个人说谎",显然"A在说谎"的假设不成立。

像这样思考之后,得出的答案是B。

其实,"逻辑思考"并不复杂。

您看完本书之后一定能体会到"逻辑思考的乐趣"。

由此,掌握了逻辑思考的您自然会发现以下的困扰都不复存在了。

演讲时我能简明易懂地做说明了!

我能很好地作出报告了!

我能有条理地整理思路了!

前言
"逻辑思考"是如此有趣且有益

"我本来对逻辑思考之类的东西敬而远之,但看完本书之后发现思考是很有趣的事,也学会了如何清晰地整理自己的思路。"

"我以前没看过这类书籍,不过读了本书后,现在开始变得注意自己的表达方式,不会因为表述不清而被人要求重述一遍了。"

"连身为文科生的我都一口气看完了,如今写工作报告时经常被夸'写得清晰易懂'呢。"

我先前的作品《锻炼逻辑思考能力的33个思维实验》很幸运地得到了不错的反响。

尤其是类似上面开头列举的这类感想较多,不少人表示"第一次理解了这类问题"。

在这种情形下,我认为我的职业更类似于"谜题作家"。

至今，我以谜题作家的身份制作了数万个不同的谜题。

每次制作谜题时，我放在首位的都是如何让读者在解谜中获得快乐。

谜题的答案和解释必须让所有人都能接受，否则会给人留下不好的印象。

谜题本身的流程构成其实就是"问题如下，依照结论得出这个答案，而原因在于××"。本书的本质是解决问题，但从出现问题到解决问题的过程都是环环相扣的。

谜题制作就是"简明易懂地解释问题与结论"，它与逻辑思考能力之间具有密切的关系。

读者中，应该有一听到"逻辑思考"就感到头疼的人吧。

当然，既然有人具有良好的逻辑思考能力，自然就有人擅长以直觉（莫名的感觉）来认知事物。

但在商业活动中，仅凭直觉是很难获得成功的。

尤其是在撰写文字、表达某些内容时，仅凭直觉显然不够。

若不能实现逻辑性的表达，对手就可能一头雾水，就会造成误解或者理解不足。

本书就是为了帮助这类人，将逻辑思考的核心以尽可能简洁且能够短时间内理解的方式介绍给大家。

第一章从基础开始，介绍"逻辑思考能力"究竟是什么。

第二章解释如何实现"有条理地思考"，在提供例题的基础上让读者自然而然地在阅读中学会其中的要领。

第三章介绍"良好的理解"的诀窍。所谓理解，并不是指单纯的背诵记忆，而是需要在熟练掌握第二章内容的基础上，学会用自己的语言来进行表述的能力。

第四章主要介绍如何输出自己所掌握的内容，即说明"简明易懂的表达"的诀窍。

另外，为了让读者能够在学习逻辑思考能力时感受到其中乐趣，我还在各章节中设置了问题。

读者看完本书，对逻辑性谈话和逻辑性写作应该有一定的功力了。

希望大家都试着去了解"逻辑思考"的深奥之处。

这一定能改变您的生活。

那么，接下来我们就进入正文吧！

北村良子

本书的使用方式

本书由正文、逻辑思考的要点、问题及附加谜题构成。

① 首先,请按照页码顺序来阅读正文和逻辑思考的要点。

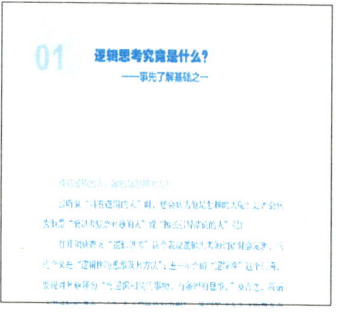
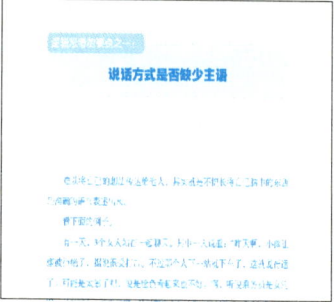

② 尝试实际解决问题。

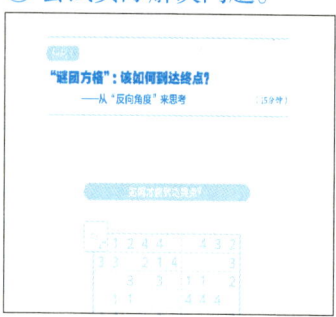

※ 思考本书所提问题所需的时间总计6小时。

③ 尝试解开附加谜题。

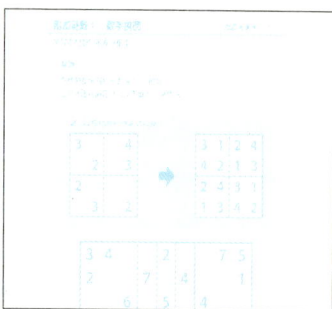

即使您觉得自己不具有逻辑思考能力也不用担心。

只要您在阅读和解谜时有茅塞顿开之感,对逻辑思考的畏惧感就会逐渐减少,并开始了解其中的乐趣,从而在不知不觉中变得擅长逻辑思考。

目 录
CONTENTS

第1章 了解"逻辑思考"
有序地导出事物结论的诀窍

01 逻辑思考究竟是什么？——事先了解基础之一 / 2

02 逻辑性文章的逻辑性说明的特点——事先了解基础之二 / 5

　　逻辑思考的要点之一： 说话方式是否缺少主语 / 7

　　逻辑思考的要点之二： 逻辑性的说话方式是否绝对正确 / 10

03 用三段论来思考 / 12

　　问题1 "手机客户端"为什么让人觉得"便于使用"？
　　　　　　——思考"归纳法" / 15

04 归纳法和演绎法各有优缺点 / 18

05 巧妙组合归纳法和演绎法 / 21

　　问题2 "谜团方格"：该如何到达终点？
　　　　　　——从"反向角度"来思考 / 24

06　从终点逆推 / 27

> 问题 3　"演示"为什么难以打动人？
> ——思考"理解" / 30

> 问题 4　"接力赛的名次"：最终整理出的名次是什么？
> ——思考"思考" / 35

附加谜题①　数字拼图 / 42

第 2 章　有条理地思考
自行决定内容并进行思考的诀窍

07　"用自己的头脑思考"究竟是指什么？——事先了解基础之一 / 44

08　深入挖掘更大的主题 / 47

09　决定"从哪里开始思考" / 50

10　确定规则 / 53

11　通过设定与比较来促进思考 / 56

12　写出自己的想法 / 59

> 问题 5　"测试的答案"：如何从两个选项中找出答案？
> ——利用"假设"来思考 / 62

> 问题 6　"时间机器"：如果时间倒流会怎样？
> ——利用"思考实验"来思考 / 68

| 问题 7 | "帽子的颜色":如何猜中举手的人?
——利用"推理"来思考 / 73 |
| 问题 8 | "曲奇饼":如何识破谎言?
——根据"证言"来思考 / 79 |

附加谜题② 数回 / 85

第3章 良好的理解
用自己的语言做清晰归纳的诀窍

13 对"理所当然的事"抱有疑问 / 88

> 逻辑思考的要点之三: 不能真正理解,就不能进行说明 / 90

14 找出"为什么"的答案 / 92

15 调查自己不了解的事物 / 95

16 尝试质疑身边的事物 / 98

17 不能光靠死记硬背 / 101

18 用自己的方式归纳所理解的事物 / 104

19 利用"打比方"来思考 / 107

| 问题 9 | "西点店的问卷调查":不足之处究竟是什么?
——利用"枚举分析法"来思考 / 110 |

20 弄清"是否真的必要" / 115

| 问题 10 | "身边的事物"：如何向陌生人做介绍？
——思考"知识" / 118 |
| 问题 11 | "谚语"：用"打比方"来做介绍
——利用"事例"来思考 / 121 |
| 问题 12 | "消失的100日元"：如何用计算来思考？
——利用"图"来思考 / 124 |

附加谜题③　变形的池子 / 130

第4章　简明易懂地表达
面对任何对象都能流畅说明的诀窍

21　整理脑子里的东西 / 132

22　选择向对方传达的语言 / 135

逻辑思考的要点之四： 通过"数据"与"情感故事"让内容便于理解 / 137

23　先表明结论 / 139

逻辑思考的要点之五： 附带视觉效果能增加说服力 / 142

24　具体的交流 / 145

逻辑思考的要点之六： 先传达整体概念更便于掌握 / 147

25　用他人的话来增加说服力 / 149

| 问题 13 | "3个理由"：为什么这样便于理解？
——思考"背景" / 152 |

目录
CONTENTS

问题 14	"奶酪的种类":加入评判会怎样? ——思考"视角"／155
问题 15	"促销活动":如何才能实现"简明易懂地说明"? ——利用"项目单"来思考／161
问题 16	"树状图演示":什么样的笔记清晰易懂? ——利用"思考工具"来思考／164

附加谜题④　分房间谜题／173

附加谜题答案／174

第1章
了解"逻辑思考"
有序地导出事物结论的诀窍

逻辑思考究竟是什么？
——事先了解基础之一

具有逻辑的人，指的是怎样的人？

当听到"具有逻辑的人"时，您会认为他是怎样的人呢？是否会认为他是"能思考复杂问题的人"或"擅长引导结论的人"呢？

打开词典查阅"逻辑思考"这个表现逻辑思考的词语时会发现，它的含义是"逻辑性的思维及其方法"；进一步查阅"逻辑性"这个词语，发现对其解释为"与逻辑相关的事物、有条理的思维。"换言之，所谓"逻辑性的思考方式"或"逻辑性的说明"，等同于"有条理地思考之后再用语言表述出来"。

那么，"条理"又指的是什么呢？

查阅"条理"后得知词典对其解释为"事物发展的理由、脉络、道理及事物发展时正确的顺序"。

这里，又出现了难以理解的词语，即"条理"和"道理"。

我们继续查词典试试吧。

"条理：事物的脉络。"

"道理：事物理应如此发展的条理。"

这下麻烦了，得出的结论居然是"条理就是条理"。

这时，大家是否觉得脑子里已经乱成一团浆糊了呢？

条理①中的"筋"字，原本是指细线或者细长而相连的东西。如西芹等蔬菜中细长的纤维也被称作"筋"，肌肉②中的"筋"也是同一个字。

使用"筋"的常用语还有"筋を通す"。这个常用语的意思是"使前后一致，前后贯通"。

理清脉络来思考

将逻辑思考作归纳，就是要自始至终思考"为什么会变成那样""为什么会变成这样"。

我们平常所接触的"逻辑性"，一般是指逻辑性的文章或说明。换句话说，能实现逻辑思考的人就能写出具有逻辑性的文章或者进行逻辑性的说明。

---

① 条理，日语原词为"筋道"。
② 肌肉，日语原词为"筋肉"。

让自己顺畅表达的必要技巧

条理清晰，简明易懂

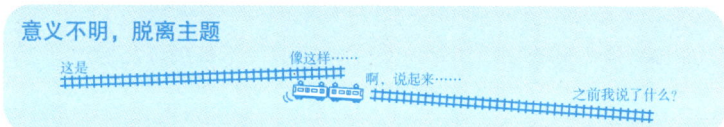

如果没有逻辑思考，情况将变成这样

意义不明，脱离主题

遗漏重要的部分（原本想要传达的东西）

话题方向突然转变

话题顺序过于奇怪

总之，在商业活动中……

· 能够写好文章并做出准确的说明。
· 能够简明易懂地向对手阐述想要传达的内容。

能够学会在他人面前演讲！
能够完美地整理好企划书！
能够加快商谈的进展速度！

02 逻辑性文章的逻辑性说明的特点
——事先了解基础之二

逻辑性的7个特点

逻辑性文章的逻辑性说明的特点究竟有哪些呢?

我认为包括以下几点:

(1) 简明易懂

(2) 井然有序

(3) 没有矛盾

(4) 相互独立,完全穷尽

(5) 条理清晰

(6) 有具体的数字和事例

(7) 针对问题的结论及其理由十分明确

也许您会觉得这太难了,但试着注意这几点,就能大幅改善您的文章与说明。

为您解忧

您有怎样的烦恼呢?

如果您正为无法实现逻辑思考而困扰,那么一定会有以下烦恼吧。

- 被人劝说"再好好想想"
- 不懂思考方法
- 难以和别人交流
- 没办法表明自己的想法或主张
- 被人说"您的话毫无逻辑,难以理解"
- 不能整理思路,不擅长理清脉络
- 不擅长对事物产生疑问
- 对信息囫囵吞枣
- 只会做抽象的说明
- 领会工作太慢
- 不能理解别人的话或书的内容
- 不擅长假设

如果不能逻辑性地思考事物,就很容易遇到这种烦恼。

但大家也不必担心,因为逻辑思考能力是任何时候都可以锻炼的。

人的大脑非常聪明。负责思考的脑前额叶和负责记忆的海马体都能通过练习来提高其机能,并且该能力是能在一生之中持续成长的。同样地,逻辑思考能力也能在您的一生中不断提高。

> 逻辑思考的要点之一：
>
> # 说话方式是否缺少主语

难以将自己的想法传达给他人，其实就是不擅长将自己脑中的东西用准确的语言表述出来。

看下面的例子。

有一天，3个女人站在一起聊天。其中一人说道："昨天啊，小孩让座被拒绝了，据说很受打击。不过那个人下一站就下车了，这就说得通了。可能是太累了吧，说是脸色看起来也不好。啊，听说乘务员是女的呢。最近那个向导很厉害，除了英语之外还会汉语和韩语，对吧？"

感觉怎么样？

当然，她本人是想描述自己所看到的情形，但听者恐怕是一头雾水吧。

从给孩子让座说起，话头却天马行空，让人不知道她究竟想要说什么。即使听者是理解力极好的人，恐怕也很难理解这段话。

那么，要如何将它改得清晰易懂呢？

添加场合与主语（谁）等省略的要素试试看。

"昨天啊，邻居的太太在乘电车时，让自己的小孩给老大爷让座被老大爷拒绝了。据说太太和孩子都很受打击。不过大爷下一站就下车了，这就说得通了。大爷可能是太累了吧，说是脸色看起来也不好。啊，听说乘务员是女的，而且车内的向导最近很厉害啊，除了英语之外还会汉语和韩语，对吧？"

这样一改之后，您是否就恍然大悟了呢？

显然，这不是某个人要求孩子让座，而是母亲要坐着的孩子给站着的老人让座。但言语之间过于情绪化，往往会让听者理解成完全不同的意思。而采取这种说话方式的人是绝不具备逻辑思考能力的，由此也就让人觉得"这个人的话很难懂"。

如果您也觉得"自己的话好像很难懂"，那么不妨稍微整理一下思路后再开口，可能就会给对方留下截然不同的印象。

像上面的话在加入场所和主题之后，显然就更具逻辑性。

"昨天啊，邻居的太太在乘电车时让自己的孩子给一位老大爷让座，却被老大爷拒绝了。据说太太和孩子都很受打击。不过老大爷下一站就下车了，看来他是不想麻烦别人吧。老大爷可能是太累了吧，说是脸色看起来也不好。哎呀，我们也差不多快到被人让座的年纪了，您觉得被人让座该怎么做呢？"

经过第一次修改后，先前的对话作为日常聊天已经成立了，但话头和话尾的内容相差太远也会令听者感到疲惫。所以，将车内乘务员和向导的内容去掉会更为清晰易懂。

我们与人交谈时会自然地在脑海中浮现对应的情景，所以往往会误以为对方能够完全理解自己所说的话。但实际上我们很容易忽略前提条件，跳过一些必要情节，或者前后颠倒，还有可能省略主语，导致难以如愿地将内容传达给对方。比如，您看到一张照片，想将该照片准确地传达给其他人，您该怎么组织语言呢？

用语言向他人传达内容比我们想象的更加困难。请大家在日常生活中多加注意。

不仅限于商业活动场合，在日常对话中我们也要有意识地选择简明易懂的说话方式，练习逻辑思考。

逻辑思考的要点之二：

逻辑性的说话方式是否绝对正确

"不要感情用事，保持逻辑性的语言。"这种说法是否正确？我们来看下面的例子。

某对夫妇打算在退休之前找到共同的兴趣。

夫："应该找个什么兴趣呢？我想尽可能地通过理性的方式进行探讨，以找到正确的答案。"

妻："乒乓球怎么样？两个人都能玩，也能活动身体。"

夫："这就要面对三个问题了。一是有没有能打乒乓球的场所，二是它算不算有效的运动，三是它不能带来收入。"

妻："只是兴趣罢了，能开心不就好了？"

夫："不要仅凭感情来做选择，先想想它是不是一直能让您开心，费用又该怎么办。"

妻："不先试试，怎么就知道具体怎么样。算了，那健走如何？"

夫："健走吗？当然也没有收益，还会受天气左右。而且健走与其说是兴趣，不如说更像是每天的例行运动吧？"

妻:"要收益的话,索性玩博客吧。"

夫:"博客需要浏览量,而要增加浏览量就得有能吸引人的文章,必须得持续发表有一定水准的长篇文章。说到有收益就想玩博客,您想得也太简单了。"

妻:"不试试看怎么知道?我说啊,运动、收益和乐趣,您觉得哪个重要?我认为乐趣是最重要的。"

夫:"我只是根据逻辑性做综合判断。"

丈夫想从逻辑性的角度去思考问题,而妻子在提出各种建议的同时,也想按喜好来决定兴趣。

在这次谈话中更为感情用事的其实是丈夫。人们通常以为讲究逻辑性的人更为冷静,事实上这是错误的认知。

假如您发现"我明明说话很有逻辑性,但对方不同意我的意见",那么试着自问:"有没有强迫对方听取自己的意见?"

03 用三段论来思考

从两个前提导出结论

进行逻辑性阐述或写逻辑性文章时,我们经常听到"三段论"这个说法。

三段论中,"由于A=B,B=C,所以A=C"。比如"向日葵是花,花会枯萎,所以,向日葵会枯萎"。

大前提:向日葵是花。

小前提:花会枯萎。

结论:向日葵会枯萎。

这种情况下,如果弄错大前提或小前提,就会得出错误的结论,所以需要多加注意。

比如,"吃巧克力能变成不死之身,我昨天吃了巧克力,所以我就变成不死之身了"。其中的大前提"吃巧克力能变成不死之身"显然不是事实,因此只会得出错误的结论。

大前提:吃巧克力能变成不死之身。

小前提：我昨天吃了巧克力。

结论：我变成不死之身。

这里再多介绍一点。

"今天是×月×日星期三，天气晴和。本想在这么好的日子去附近公园散步，可惜不能忘记自己今天向公司请假的原因。

"因为最近身体状况一直不好，所以今天特地请假想去附近的××内科看病。要是能通过问诊和血液检查弄清身体不适的原因就好了。但当我告诉家人自己将去××内科看病时，竟得到了意想不到的回答：'××内科星期三不是例行休息吗？'我备受打击。"

大前提：今天是星期三。

小前提：××内科星期三例行休息。

结论：今天，××内科例行休息。

虽然文中没有写明结论，但有大前提和小前提就能导出结论。这种引导结论的方法就是三段论法。

什么是三段论

"由于A=B，B=C，所以A=C。"
"向日葵是花，花会枯萎，所以，向日葵会枯萎。"

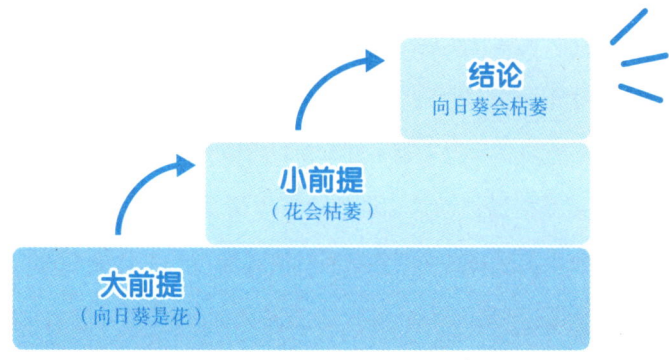

下面的三段论错在哪里？

例题

大前提：今年物流资格的考试日期是2月20日（星期二）。
小前提：考试需要1天时间，所以参加考试的人必须得请假。
　结论：2月20日休假的桥本应该会参加物流资格考试。

解释

根据大前提和小前提可知，参加物流资格考试的人必须在2月20日请假，但2月20日休假的人并不一定会参加物流资格考试，也有可能为滑冰而请假。

以例题为参考，制作正确的三段论

大前提：A小姐在餐厅吃饭。
小前提：（　　　　　　　　　　　　　　　　　）
　结论：A小姐懂得用餐礼仪。

解答示例 在餐厅吃饭的人都懂得用餐礼仪

第1章 了解"逻辑思考"
有序地导出事物结论的诀窍

问题 1

"手机客户端"为什么让人觉得"便于使用"?
——思考"归纳法" （25分钟）

当新的手机客户端造成话题时

关于"苏克苏克3"的对话

女同事

这个叫作苏克苏克3的日程手机客户端很好用呢!

电视明星

苏克苏克3不错,比苏克苏克2更方便输入,非常好用。

我也在用!这个手机客户端真的很好。

数日后,又在杂志上看到了这样的介绍

正当红的日程记事系列手机客户端:苏克苏克3!

15

前面介绍的三段论法，是"演绎法"这种推理法中的代表性例子。

这里介绍的"归纳法"则是与演绎法相对的推理法，是利用多个事例来验证假设的方法。

比如，"搜集A蛋糕店的评价后发现，30人中有25人表示好吃"，于是得出"自己也会觉得好吃"这一结论。

制作演讲稿

以归纳法进行提案

> 日常手机客户端"苏克苏克3"正在销售中，听说就连书店和附近百货店的日程簿都成为了畅销商品。
>
> 使用多色日程簿的人似乎也在增加。从一项以400人为对象的问卷调查中得知，有55%的人在写日程簿的时候会使用3种以上颜色。
>
> "苏克苏克3"有能够使用多种颜色的功能，这也是它受欢迎的原因之一。由此，我们要不要将日程簿与四种颜色的笔搭配在一起销售呢？比方说，用粉色笔来记录生活，用蓝色笔来记录工作，用绿色笔来记录个人兴趣，用橙色笔来记录其他事项。

在某个对话中以"苏克苏克3"这个新手机客户端的开发使用为主题。

请看上图中的对话。

您最终会对"苏克苏克3"留下怎样的印象呢?

这个问题的思考方法

看完上面的对话后,大家应该会推测"苏克苏克3是一款使用方便的好手机客户端"吧。

假如只听到女同事的感想,可能只会觉得"这个手机客户端还不错"。但随着信息量的增加,人们对于"苏克苏克3"的信任度也在提高。

像这样听取各种意见后,您就很容易得出"苏克苏克3很不错"的结论。

这就是运用归纳法得出的结论。

此外,归纳法还能用于提案上。例如:

"我了解到,有些文具店在店内的显眼位置摆放了日程簿,日程簿就成为畅销品。为此,我提出一个方案:在自己的店里设置一个日程簿销售专柜。"

这就是归纳法运用于提案的一个例子。

# 归纳法和演绎法各有优缺点

归纳法和演绎法各有什么优缺点呢?

归纳法的优点、缺点

归纳法的优点

· 如果能搜集到大量素材,自然就能得到与之相匹配的说服力。

· 如果能搜集到证明"结果如此"的证据并加以利用,就能使推导的结果具有说服力。

· 利用问卷调查等统计结果的情况比较常见,这能缩短推理的时间。

归纳法的缺点

· 如果搜集的素材出错,就会导致推论错误。

· 如果搜集的素材过少,则很难让人产生认同感。

· 即使搜集了大量资料,也不能保证它们都是正确的。

· 所得出的结论全都不过是大概性的推测。

- 大多数情况下，推理都需要想象力。

演绎法的优点、缺点

演绎法的优点

- 如果前提正确，导出的结论也会正确。
- 由于使用的是普遍性事实，所以具有较强的说服力。
- 大多数情况下，能够简明易懂地表达。

演绎法的缺点

- 由于是基于事实的推断法，所以很难刺激自由创意的诞生。
- 如果使用了不正确的前提，就会推导出错误的结论。
- 大多数情况下，绝对正确的前提本就很难找。
- 只要发现一个例外，就会导致结论错误。
- 由于要积累事实，所以往往需要花费大量时间。

实际上，我们经常将演绎法和归纳法混合思考，所以不能直接断言哪一种方法更好。

了解各自的优点、缺点

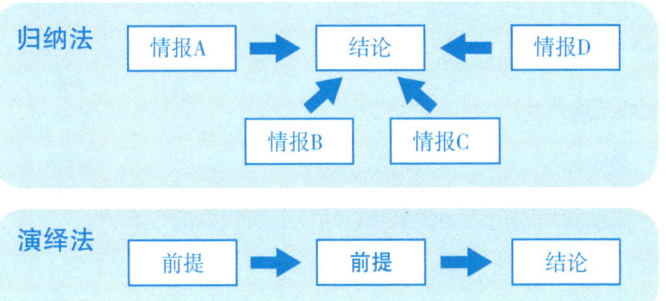

要怎样做才能说服老板？

您是一家小公司的员工。该公司让员工在业余时间制作公司网站，作出来的网站难以让人恭维，完全就是外行水平。您虽然想要强调该网站的重要性，但老板对此并不看重，这让您很难开口要求加强网站建设。

请试着用演绎法来告诉老板网站的重要性

> 大前提：设计感较高的网站更容易受人信赖。
> 小前提：受人信赖的网站 _____ 比较多。
> 所以，应该改进本公司网站的 _____ 。（结论）

解答示例 （从上至下）访问量　设计

那么，再试着用归纳法来告诉老板网站的重要性

> ·用户看惯了漂亮的网站。
> ·_____
> 所以，应该将本公司网站改得漂亮一些。

比如
- 对手A公司的网站很漂亮，访问量也很高。
- 对手B公司通过网络广告增加了访问量。
- 对手C公司最近将网站设计得焕然一新。
- 值得信赖的企业都有设计感较强的网站。

 巧妙组合归纳法和演绎法

预想未来

将归纳法所得的结论作为演绎法的前提来使用,就能预想到未来。

"最近有关健康的电视节目很多啊,而且大多数节目的结论都说健走是重点,你有没有注意到呢?我也看到附近有不少高龄夫妻在健走,听说健走有益于大脑。反正最近的热点都集中在这一点上,开始健走的人也越来越多了。"

消息1:电视节目中认为"健走有益"的观点较多。
消息2:附近的高龄夫妇也在健走。
结论:健走的人越来越多。

从归纳法得出"健走的人越来越多"的结论。
接着再使用演绎法。
"健走的人今后还会增加,因为他们认为健走不仅能锻炼身体,还

有益于大脑。而这是事实,所以计步器等给大脑视觉性刺激的器械也会畅销。"

大前提:健走有益于大脑。

小前提:健步的人越来越多。

结论:能够给大脑视觉性刺激的计步器也会畅销。

将归纳法所得出的"健走的人越来越多"作为演绎法中的小前提来使用。

巧妙地使用两种方法

假如"健走的人越来越多"是正确的,那么就可以推导出"能够给大脑视觉性刺激的计步器也会畅销"。

像这样,将演绎法和归纳法巧妙地组合使用,就能实现逻辑性的推论。

第1章 了解"逻辑思考"
有序地导出事物结论的诀窍

这样思考更便于理解

●归纳法

当有以下信息时,削减经费的重点是什么?

- 每天,总经理都会带2~3名员工出门商谈。
- 总经理喜欢鳗鱼。
- 交通费每次往返需要660日元。
- 花330日元交通费能到达UNA车站,那里有许多著名的鳗鱼餐厅。
- 据说结束商谈的员工都能美餐一顿。
- 商谈的内容永远是"关于本公司的未来"。

从这些信息中能得知什么?

解答示例 总经理一定是和员工们去UNA车站吃鳗鱼。

●演绎法

请填写 ☐ ,利用演绎法做推论。

- 经费多(大前提)
➡ 由于商谈次数异常多,所以经费消耗大。
➡ 之所以商谈次数多,是因为总经理每天都要求商谈。

➡ ①
➡ ②
➡ ③

➡ 让总经理了解详情,以此削减经费。

解答示例 ①总经理每天去同一个车站(UNA站)
②该车站有著名的鳗鱼餐厅
③总经理肯定是去吃鳗鱼了

23

| 问题 2

"谜团方格"：该如何到达终点？
——从"反向角度"来思考 （15分钟）

如何才能到达终点？

起点↓	1	2	4	4			4	3	2
3	3		2	1	4				3
			3		3		1	1	2
			1	1			4	4	
4	4			1					2
				2					
			2	3				3	1
						2		2	
		1	2						
			4		1	2	4	2	2	终点

- 按方格中所写的数字，来横向或纵向沿直线通过与数字相同数量的格子。
- 要从"起点"右边的"1"或者下面的"3"开始。
- 可以经过同一个格子两次以上。

第1章 了解"逻辑思考"
有序地导出事物结论的诀窍

我们经常会说"反向思考""从终点开始逆推"等。这究竟是什么意思呢?

问题来了。

上图给出了一个谜题。

从横向或纵向沿直线通过与格子里所写数字相同数量的方格。

请从"起点"开始,按所写数字到达终点。

由于格子数量较多,看起来相当复杂,但就这个问题而言,从"起点"开始和从"终点"开始的难度截然不同。

不从"起点"开始也可以

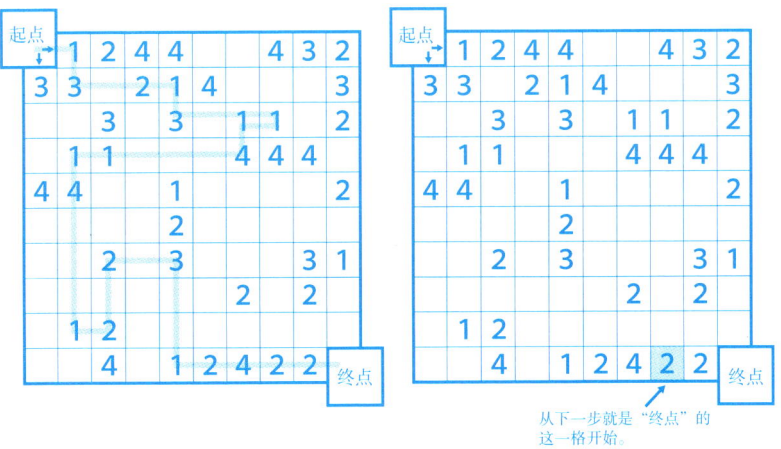

这个问题的思考方法

既然主题是"反向思考",那么不少人肯定会尝试从终点开始解谜。

对于这个谜题而言,从"起点"开始和从"终点"开始,究竟哪个更容易呢?正如您所想的一样,从"终点"往回解要简单得多。

从终点开始,只需要思考"下一个是否该往这格走"就能毫不费劲地返回起点了。

这就是逆推的思考方法。

我们可以试着思考:"要到达终点,必须达到C的状态;要达到C的状态,则需要达到B的状态;要达到B的状态,就必须要达到A的状态。这就是正向角度必需的过程。那么,从目前的状态来看,要达到A的状态必须有什么呢?"

06 从终点逆推

确定期限

以下例子也是从终点开始思考。

有一天,街道社区组织经过讨论,决定在公园内举办一次活动。

由于还没决定要举办什么样的活动,所以首先要考虑的是,通过会议将活动内容确定下来。如果会上大家都毫无目的地进行讨论,那很可能会让会议在"下周继续讨论"中结束。这无疑是在浪费时间。这时,采用逆推的方法,就会让会议开得明确有效。

"到举办活动当天,还有两个月时间。其间,准备工作需要3周——需要在1周内确定好作为举办方参与活动的店家和团体。为此,需要在该周前的两周内,通过传单或海报的形式进行告知。为了保证两周后的会议上能明确举办什么样的活动,从现在开始,大家去问询社区居民心仪的活动内容是什么。"

像这样，就能让活动开始之前的流程更清晰易懂，从而便于行动。

另外，通过确定期限，就能明确"在什么时间之前做什么"，让行动顺利进行。如果完全不考虑逆推的话，则很可能陷入"离活动只剩一个月却什么都还没定下来"的困境。

使人游刃有余

有的人根本不考虑逆推，认为"只要埋头工作，总会到达终点"。如果以这样的心态做上述活动准备的话，最后很容易发出"啊……根本赶不上了，怎么办啊"的叹息。

设置"什么时间之前做什么"的期限，逆推"要在期限内完成应该怎么做"，就能游刃有余地完成工作。

第1章　了解"逻辑思考"
有序地导出事物结论的诀窍

设定最终目标的方法

部下A

A公司要建立一个新的"公开募集命名网站"。
据说，他们正在寻找制作公司，希望我们公司也能有机会，
但竞争对手太强太多。预定的会谈时间是在2周后，
我该怎么办呢？

好，马上着手试试。
公开募集命名网站的名字叫"namin"，如何？
或者加个吉祥物老鼠的角色……叫"Mumin"，这个不错吧。
通过流程表来设计项目流程，这得花不少时间啊。

13天后

终于整理好了？我看看。我们的强敌可不少，而我们公司的
优势在于拥有独特的强项，根本不需要这种敷衍的角色设计！
而且我也没要求你做项目的细节设计，这应该是等到和对方达
成合作时再做的事！做得不伦不类的，你到底在搞什么？

上司

如何避免出现以上情况？

"在什么时间之前"做"什么"？

至少应该在 ☐ 天之前整理好一切，向上司报告。整理资料需要 ☐ 天，因此要在 ☐ 天之内大致掌握整体概念，在之后的 ☐ 天以内确定必要的人数与工作时间，写出3~5个我们公司的强项，☐ 天后在公司内部进行讨论。

解答示例　（按前后顺序）12　4　3　5　7

问题 3

"演示"为什么难以打动人?
——思考"理解"

（20分钟）

下面的演示哪里有问题?

怀旧酱油口味
销售额低迷

↓ 找出怀旧酱油口味销量不佳的原因、问题点，讨论解决对策

成为畅销商品

第1章 了解"逻辑思考"
有序地导出事物结论的诀窍

让我们通过下一个例子来思考"理解"。

某杯装方便面制造公司推出的新商品"怀旧酱油口味"的销量不如预期,于是在公司内召开了"如何使其成为畅销商品"的会议。

A将问题点简洁地归纳为4点并进行了准备,制作了如下图所示的演示报告,想要尽量简明易懂地将内容发表出来。

假如您参加了该会议的话,您会对A说什么呢?

A对"怀旧酱油口味"的演示报告

这款杯装方便面主要有4个问题。
(1)利润率太低的问题。这虽然有广告费增加的原因,但建议重新设定销售价格,或者利用打包套卖的方式降低价格。
(2)设计的问题。这款"怀旧酱油口味"的设计让人很难从包装猜到内容。建议改用概念图和能够让人联想起早期酱油味的设计。
(3)味道的问题。根据对客户的问卷调查,有36%的人表示不想再吃第二次,有25%的人回答面不好吃,而认为好吃的仅占21%。
(4)成本过高的问题。太讲究原料和高汤导致成本提高,建议从某处下功夫,降低成本。

这个问题的思考方法

A的演示中有两个必须指出的问题。

首先是第1点和第4点所说的其实是同一件事。第1点中提到了"利润率太低",而第4点阐述的则是"成本过高"。由于"成本率太高"是成本过高的原因,同时也是利润率难以提升的原因之一,因此第4点其实可以归结到第1点。

既然"成本率太高"既是成本过高的原因,也是利润率难以提升的原因之一,那么将"能够降低成本率就能提高利润率"这个密切相关的内容分为两点来介绍,显然不便于理解。

因此,这份演示看似完美,但并没有很好地传达自身意图。

同一件事分成两点

第1点:利润率太低
第4点:成本过高

成本过高导致利润率太低意味着?

将第1点和第4点合在一起更便于理解

第1章　了解"逻辑思考"
有序地导出事物结论的诀窍

接着来看第3点的问卷调查，我们必须确认该问卷的其中一点。

这个重要的确认点就是，当被调查者从选项中选择项目时，是否可以多选。

36%的人——不想再吃第二次。

25%的人——认为面不好吃。

这两个选项是否能够同时选择？如果不能的话，那么一共有61%的人对味道给出了负面的评价。如果可以同时选择两项的话，那么就应该明确列出两项都选的人占百分之几。

这样看来，A的问题很可能出在理解度上。

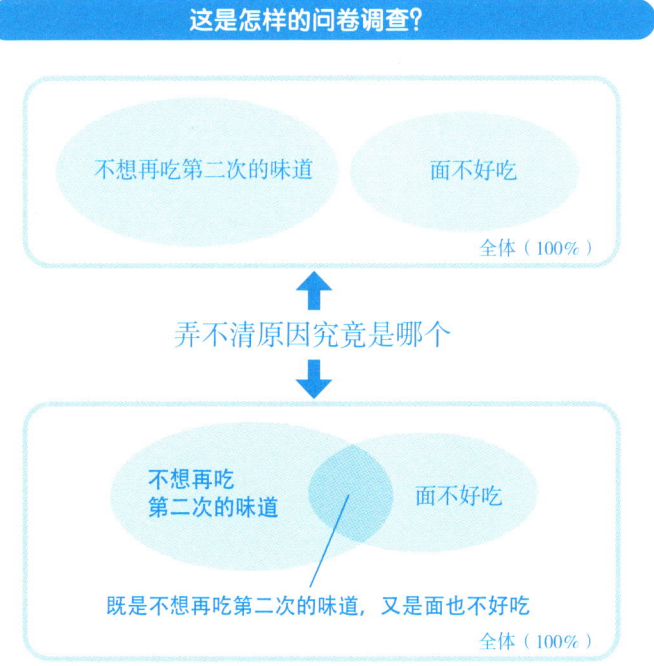

33

虽然A归纳了4个要点,打算做逻辑性的说明,但由于理解不足,反而让所表达的内容更加难以理解。

第1章 了解"逻辑思考"
有序地导出事物结论的诀窍

问题 4

"接力赛的名次":最终整理出的名次是什么?
——思考"思考"

(15分钟)

最终的名次是?

燕子高中的接力赛结果

❶ D班在连超两人后冲向了终点

❷ C班没被任何班级超过

❸ A班输给了E班

❹ B班提高了一个名次,获得优胜

35

这里希望大家再考虑一下"思考究竟是什么"。

燕子高中的体育接力赛上，A班~E班共5个班级参加了比赛。各班级的接力运动员全力奔跑，将接力棒交到下一个人手中。当接力棒交到最后一个人手中后，具体情况如上图中的①~④所述。①~④的数字与实际顺序无关。最终名次和这4点所描述的一样。

请思考最终的名次究竟如何。

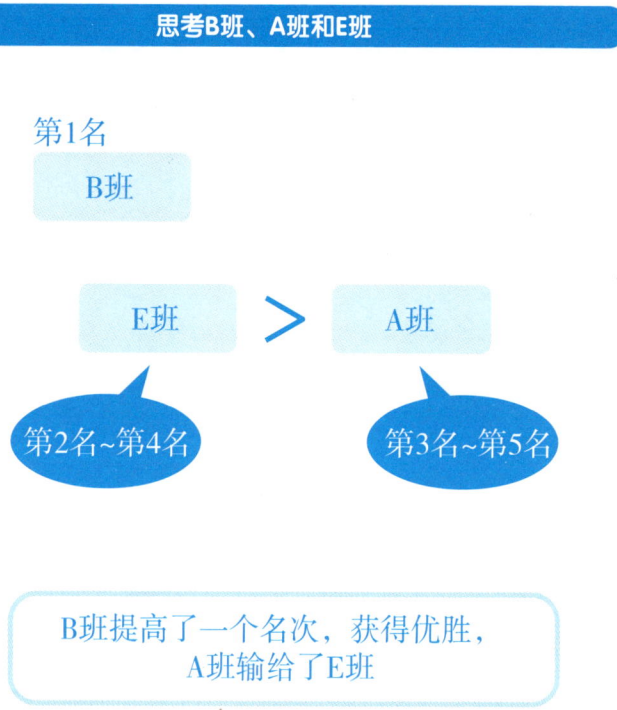

第1章 了解"逻辑思考"
有序地导出事物结论的诀窍

这个问题的思考方法

首要要注意的是④：

B班提高了一个名次，获得优胜

写明了B班获得优胜。

那么，5个班级中的第1名显然是B班。

接着要注意的是③：

A班输给了E班

思考D班

D班超过了E班和A班这两个班级

这时的情况如上图所示。

A班应该在第3名以下，E班则在第2名到第4名之间的位置。

接着来看C班和D班。

继续整理信息。

① D班在连超两人后冲向了终点

② C班没被任何班级超过

D班超过了2人，而C班没被任何班级超过。

换句话说，D班所超过的是除优胜的B班和没被任何班级超过的C班以外的班级，即A班和E班。那么C班是第几名呢？

"既然C班没被任何班级超过，那么肯定在D班前面。"——这种想法不对。

"没被超过"可以有两种理解。

排除主观臆断，试着找出所有可能。

可能性1　C班原本就在D班前面，在没被超过的情况下到达了终点。

可能性2　C班原本在D班后面，所以自然不可能被超过。

那么，这次究竟属于哪种情况呢？

关键在于某个班被B班超过，而B班最终以第一名的成绩获胜。

B班超过了1个班，而D班超过了两个班。

其中不包括C班。

第1章 了解"逻辑思考"
有序地导出事物结论的诀窍

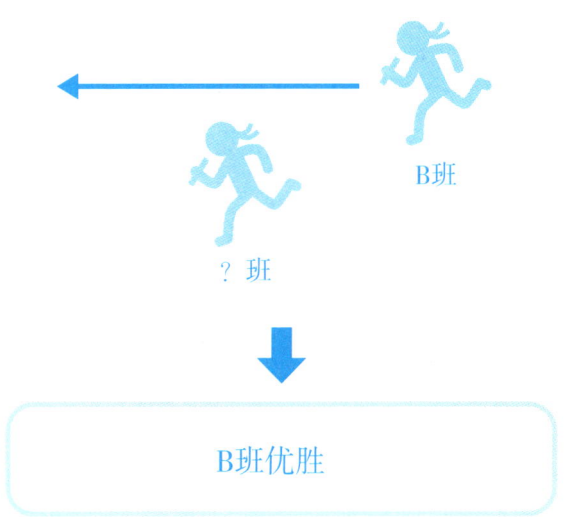

在第40页,我们简明地展现了所有的推理过程。

实际解答该问题时,其实并不需要整理这么详细的文字。

只需在脑中展开思考即可。

如果要将想法写在纸上,可以按"B:第2名→第1名;E:高于A;D:高于第3名,也就是D高于A(A输给了B和E,D在前3名以内)"等方式,通过简明易懂的文字来整理思路,从而便于解题。

按第一种可能性的"C班"来推测

如果最后一棒交接时,C班处于第1名的话,情况如何?

由于获胜的是B班,所以C班要被B班超过,显然当时并不是第1名。

如果最后一棒交接时,C班处于第2名的话,情况如何?

由于B班是领先一个名次获胜,所以最后一棒交接时,处于第2位的是B班。C班不可能处于第2名。

如果最后一棒交接时,C班处于第3名的话,情况如何?

由于D班超过了两个班,所以应该是第2个或第3个到达终点。而超过2个班级意味着是从第5到第3,或者从第4到第2,那么C班的最后一棒显然不可能是从第3名开始,因为第3的人被D班超过了。

如果最后一棒交接时,C班处于第4名的话,情况如何?

和第3名一样。如果处于第4名,也有可能被D班最后一棒超过。也就是说,当时C班也不可能是第4名。

如果最后一棒交接时,C班处于第5名的话,情况如何?

根据排除法,可知C班在最后一棒交接时处于第5名。
问题中写明了"除此之外名次无变动",显然C班最后一棒是从第5名开始,到终点时也是第5名。而D班是从第4名开始,到达终点时是第2名。

第1章　了解"逻辑思考"
有序地导出事物结论的诀窍

看图思考

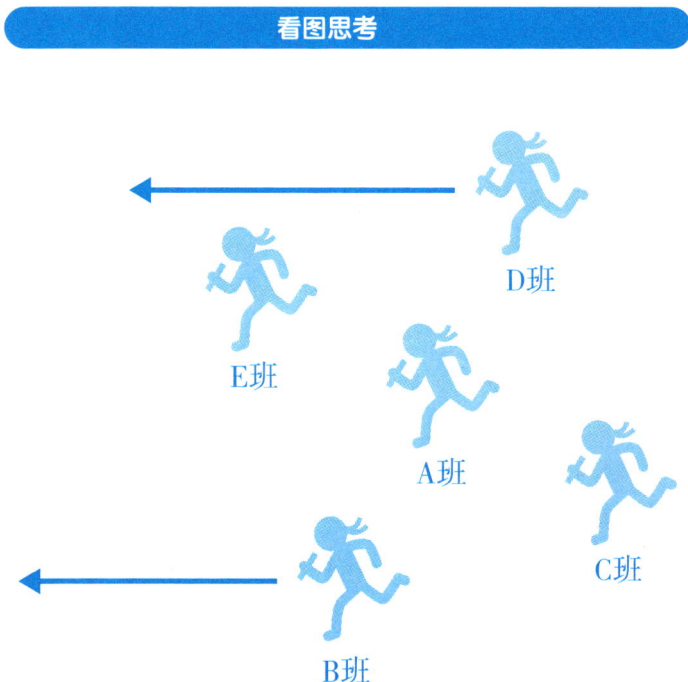

整理的结果如上面文字分析,接着就可以推定剩下的名次了:

第1名 B班,第2名 D班,第3名 E班,第4名 A班,第5名 C班。

像这样利用图来挨个整理信息,就能帮助我们得到正确答案。

但我们在实际生活中碰到的问题并不一定有标准答案。

该如何去思考,或者说该如何看待思考本身,也许是不少人正在烦恼的问题。

因此,我们将在下一章进一步介绍"怎样有条理地思考"。

好玩的逻辑思考练习册

附加谜题① 数字拼图

难度 ★★★☆☆

按规则把数字填在空格里

> 规则

- 在横列和纵列中分别填入1~9的数字。
- 在粗线围成的区块内分别填入1~9的数字。

例：在下图的空格中分别填入1~4的数字。

3			4
	2		3
2			
	3		2

3	1	2	4
4	2	1	3
2	4	3	1
1	3	4	2

3	4			2			7	5
2			7		4			1
		6		5		4		
	2		6		5		3	
6		5				1		2
		8		2		1	5	
			1		6		2	
4			3		2			6
8	6			4			1	3

（答案在第174页）

第 2 章
有条理地思考

自行决定内容并进行思考的诀窍

"用自己的头脑思考"究竟是指什么?
——事先了解基础之一

"好书"是指什么样的书?

我们经常听到"用自己的头脑思考"或"有自己的思维"等说法。但"用自己的头脑思考"究竟是指什么呢?怎么做才能实现真正的"思考"呢?

为了思考什么是"思考",我们来做个测试吧。

您认为什么样的书是"好书"?大家会怎么回答?

恐怕大多数人都有以下疑问:

"好书的定义是从书店视角还是从购买者视角出发?"

"是做什么用的好书?目的是什么?"

"什么算是好书?标准是什么?"

"您的意思是'畅销书就是好书'吗?"

"我自己喜欢的书可以吗?"

显然,各人的思考方式各不相同。

第2章 有条理地思考
自行决定内容并进行思考的诀窍

决定评审基本标准

和选择某个奖项的获奖者时必须有"评审基本标准"一样,选择好书时也得有相应的评审基本标准。

大家一定都能列举出诸如"通俗易懂""简单易读""受益良多""感悟颇深"之类的各种书的优点。而这些本来就是类似于评审基本标准的内容。

更具体一点的回答则包括:

"如果是以学校的学习为目的的话,最好是插图较多,便于快速阅读的书。"

"如果是涉及个人兴趣的历史读物,最好是有一般书中不常见的信息的书。"

像这样设定"如果××"的条件,以此为材料来促进思考是不错的方法。

其实就是自行决定评审基本标准,并在此基础上回答"什么是好书"。

因为"什么是好书"这个问题本身太过含糊,让人很难明确究竟该从什么角度去思考。

究竟什么是"好书"

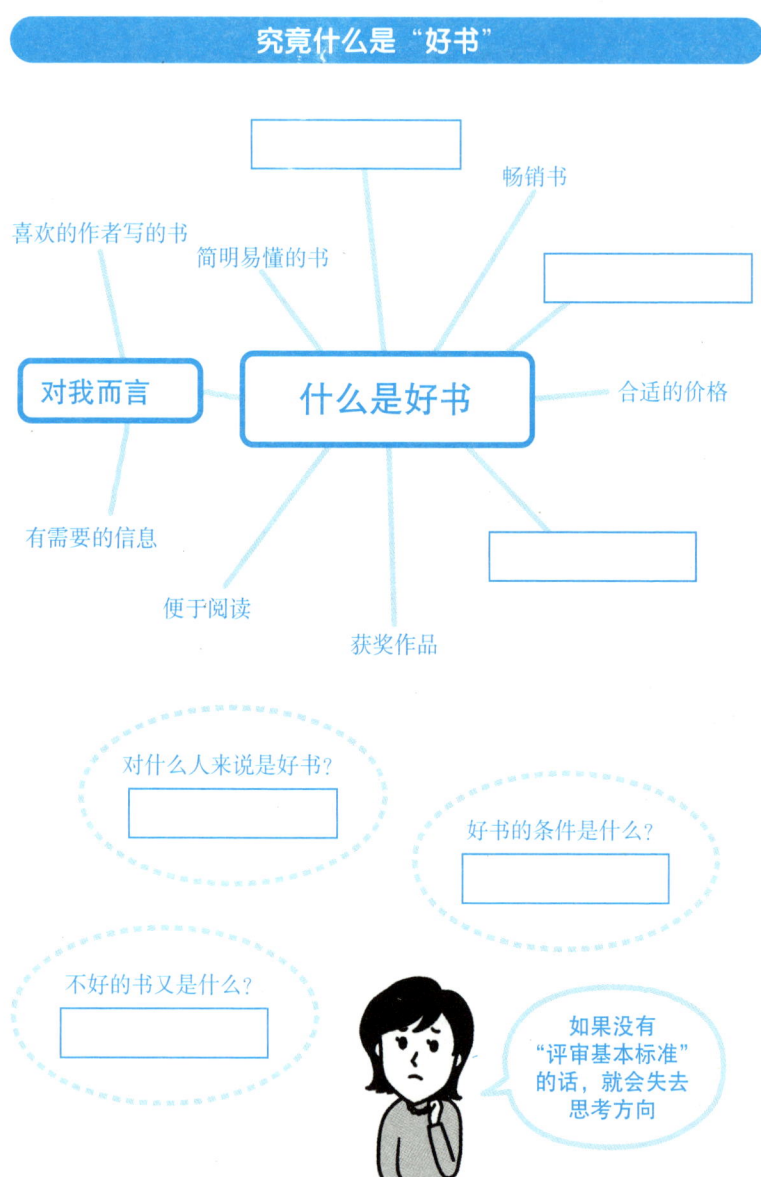

08　深入挖掘更大的主题

思考更广阔的主题

请大家再试着思考一下。

思考关于人类本身的问题。

这是比"什么是好书"更为抽象的主题，所以请试着去思考。

也许大部分人都会产生这样的疑问："该从什么角度去思考人类呢？"

这比之前对"好书"的定义更令人迷茫。

因为其大多数的主题都不是我们应该思考的东西。

是该从"有心脏和脑，有两个肾脏，而肾脏的功能是……"这种人类的构造角度去考虑，还是从"为什么没有现代智人之外的人类存在"这种人类历史的角度去考虑，或者是从"刺激生气的人会使其更加愤怒"这种人类行为的角度去考虑呢？我们可能会对思考的方向毫无头绪。

这当然也会导致我们难以思考。因为它就同复杂的哲学一样。

如下面所示,它所涉及的语言和疑问与其说是思考,不如说是一个联想游戏。

语言和疑问会自然浮现

例如,当有人提出"请思考人类与猴子的不同"时,我们能立刻想到"人类会说话,猴子不会说话""人类没有尾巴,猴子有尾巴"等许多不同。

再进一步深入挖掘的话,甚至能归纳成一篇长文。

即使您并不想从逻辑性的角度去思考"人类究竟是什么",但如果不能确定"明确的主题",那么思维就只能陷于迷宫之中,难以前进。

如果这是日常对话中的问题,那么,只要能从逻辑角度思考并理解该问题,就能明确其方向。

假如我们曾有过"人只能在团体中生存啊,人类真是复杂的生物"这样的对话,那么在被人问到"人类究竟是什么"时,至少就能保证自己的思考有某种程度的方向性。

第2章　有条理地思考
自行决定内容并进行思考的诀窍

"思考人类是什么"，会怎样？

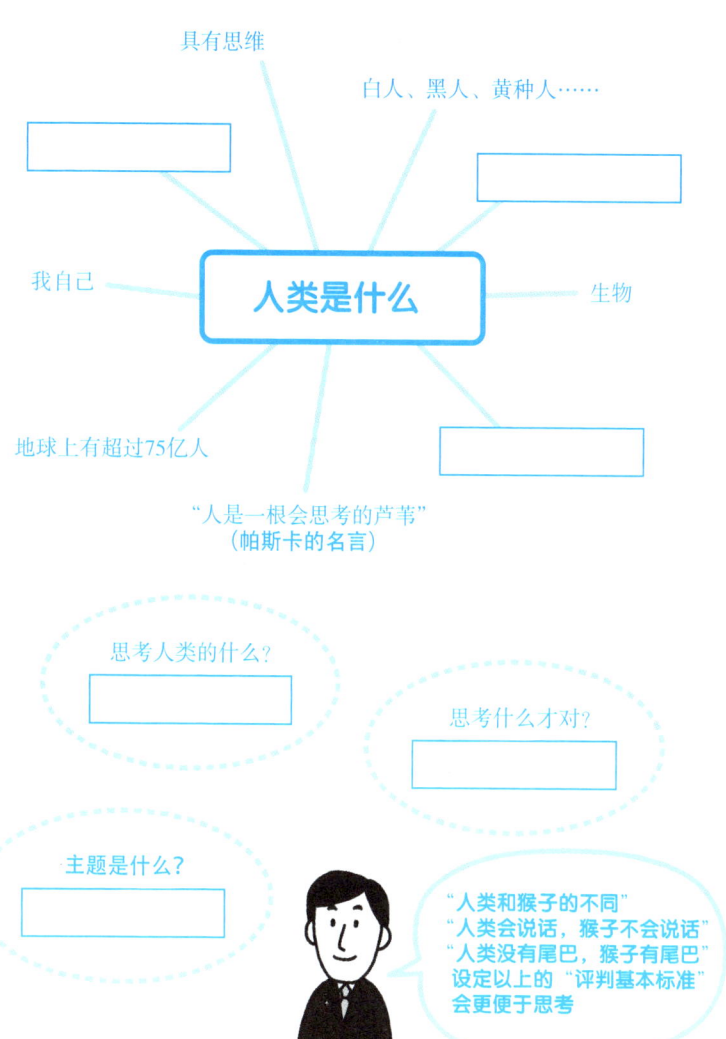

09 决定"从哪里开始思考"

决定思考的焦点

思考这件事本身必须从"首先明确'要思考什么'"开始,否则无论花多长时间都不可能实现真正的思考。

即使您自以为自己在"思考",但有时其实并非"在思考",而仅仅只是"在想着什么"。

即使当事人想要思考,但最终也只能想出一些模糊的只言片语,或者只能确认已知的信息,或者思维永远在原地打转……回头一看才发现竟然毫无进步。

假如有人提出"对手机客户端进行相关思考",那么,如果不能明确思考手机客户端的某一点,思考将毫无进展。

但如果对方要求的是"请对'能在短暂的空闲时间内使用的手机客户端'进行思考",那么,由于思考内容具体化,所以思考也会有所进展。像这样,明确"要思考什么",就能推动思考,从而得出自己独有的结论。

第2章 有条理地思考
自行决定内容并进行思考的诀窍

有知识就能定方向

我在工作中制作谜题时,首先会思考制作怎样的谜题。但仅仅思考"要制作怎样的谜题"是远远不够的,还要根据谜题的方向、难度、种类来搜集材料。即使想要弄清该思考什么和明确思考的主题,有时也难有进展,难以理清头绪。

这恐怕是大家都曾遇到过的情形吧。

而思考难有进展,往往还伴随着不明之处过多,或者不了解的问题过多。此时还应该试着确认思考的主题是否不切实际。而这些都是因为用于思考的知识不足。

如果您认为材料足够充分,但思考毫无进展,就要重新审视是否弄错了思考的焦点。

首先决定思考的材料

这时该怎么做?

例题

当您"想要让演示文稿软件(PowerPoint)所制作的研讨会资料更简明易懂"时,只能模糊地思考"怎么作才能让它简明易懂",却想不出确切的办法。那么,此时该怎么做呢?

| |
| |

解答示例
- 为了减少张数(页数),有没有可以删除的部分?
- 第一次看该资料的人是否有不明白的地方?
- 有没有什么要素忘记放进资料里?
- 是否有错字、漏字?
- 有没有哪个部分能更具表现力?
- 有没有哪个部分最好能配图?
  ——像这样去思考就能促进大脑运转。

第2章　有条理地思考
自行决定内容并进行思考的诀窍

确定规则

利用填字游戏来思考

如何才能让思考变得容易呢？以填字游戏为例来试着思考一下。在制作填字游戏时必须遵守各种规则。接下来介绍三种日本独有的、不同于海外填字游戏的规则。

也许您会惊讶："为什么不是解开而是制作填字游戏呢？"请先往下看。

规则1：边角格不能涂黑。

规则2：黑格在纵横方向上不能有两个以上相连。

规则3：连续格子不能被黑格切断，白格要全部连在一起。

除此之外还有一些规则，不过这里暂且请参考这三种。

根据规则制作谜题

下面介绍我制作的一个填字游戏。

由于是刊登在医疗系手册上的谜题，所以包含了"麻醉"和"干眼症"等词语，但也可根据主题更换字。

那么，请大家亲自制作填字游戏吧。

显然，"如果能明确自己该思考什么，就能促使我们的大脑运转"。

日语名词汉译：

行
マスイ：麻醉
オイメ：欠债
ピンクリボン：粉红丝带
カンガルー：袋鼠
マブタ：眼睑
パフエ：圣代
ドライアイ：干眼症
タモ：太刀
フルサト：故乡

列
パスタ：意大利面
スピンオフ：副产品
インカ：因果
エド：江户
クルマ：车
ラフ：粗陋
オリーブオイル：橄榄油
イボ：疣
アサ：大麻
メンマ：笋干
エイト：八

尝试制作填字游戏

制作答案为"菠萝包"的填字游戏。

也许您会在试着填入一些单字后陷入不知该如何是好的状态。

那么请试着在这里加入黑格。

我认为会比之前的方法更便于思考，因为这就决定了"在A处填写的单字为3个"。这时再试着使用"菠萝包"中的某个字，进一步推进思考。

"试着在第2个文字框内填入'菠'。怎么样……不，不行，那更换字如何？"像这样，我们的思考将逐渐拓展开来。

第2章　有条理地思考
自行决定内容并进行思考的诀窍

尝试制作填字游戏

制作答案为"菠萝包"的填字游戏。

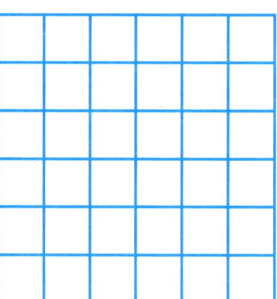

也许您会在试着填入一些单字后陷入不知该如何是好的状态。

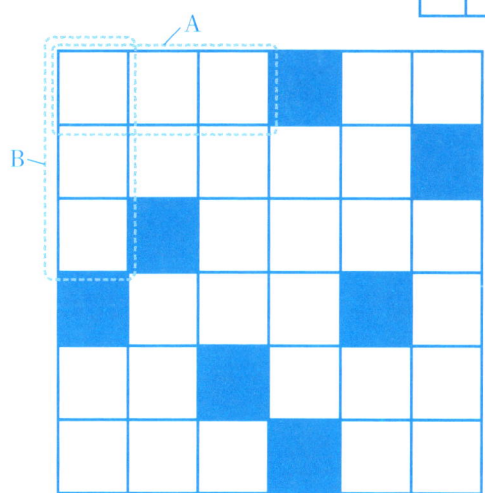

那么，请试着在这里加入黑格。
我认为会比之前的方法更便于思考，因为这就决定了"在A处填写的单字为3个"。
这时再试着使用"菠萝包"中的某个字，进一步推进思考。
"试着在第2个文字框内填入'菠'。怎么样……不，不行，那更换字如何？"
像这样，我们的思考将逐渐拓展开来。

55

通过设定与比较来促进思考

缩小范围并确定时间

如果让您思考"能在短暂的空闲时间内使用的畅销手机客户端",只要将"短暂的空闲时间"定为2分钟,就能进一步缩小设定。

这样做就能便于思考,促进思维向前。

- 将上班的乘车时间或换车等待时间当作短暂的空闲时间来考虑;
- 目的不是进行脑力训练,而是让大脑减压;
- 也不是为了学习;
- 只想享受快乐;
- 能得到有所收获的实感,如使用汉字如何?
- 既然是手机客户端,还得给予一定的动态机制。

人的大脑擅长作比较

例如,比起"请思考〇","请比较〇和口"要更便于思考。

第2章　有条理地思考
自行决定内容并进行思考的诀窍

谈到○和□的不同之处：

"○没有角，□有角。"

"○能滚动，□不能滚动。"

"○与○并列的时候，彼此之间有空隙，但□与□并列时则没有。"

"○给人柔和的感觉，□给人坚硬的感觉。"

诸如此类。

前面在第48页已经介绍过，比起"请思考人类这种生物"，"请思考人类与猴子的不同"更能促进思维的拓展，这是因为我们的大脑擅长作比较。

在判断某个事物的善恶时，我们也习惯将其与其他事物做比较；在对人做评价时，也往往喜欢通过比较，用"比××聪明"或"比××善于运动"等方式来进行判断。

换句话说，当我们的思维进入死胡同时，或者思考停滞时，通过设定比较对象，就有可能走出困境，

"与那个东西的不同之处在哪里？"

"比那个东西优秀之处在哪里？"

"与这个东西相似之处是什么？"

这样的比较是不是更能促进思考呢？

将两个事物进行比较并思考

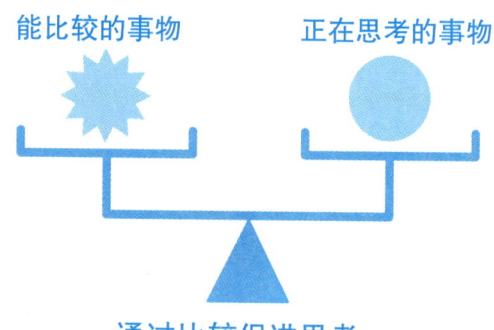

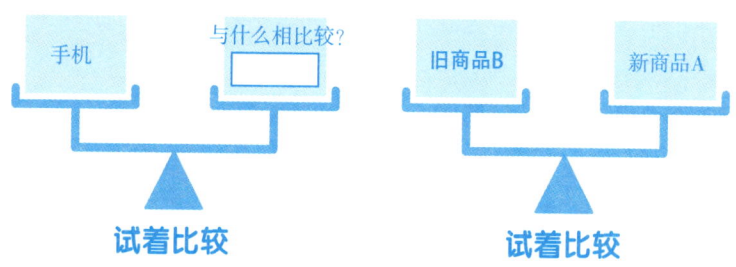

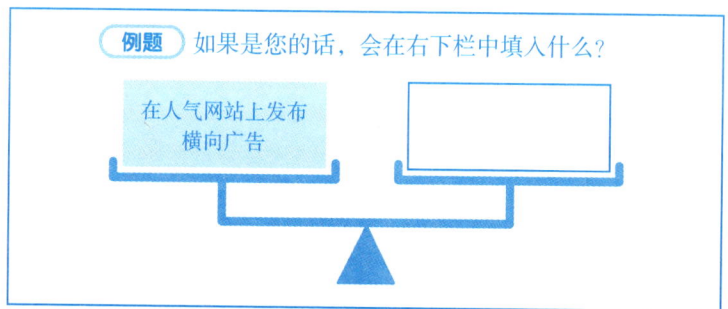

例题 如果是您的话，会在右下栏中填入什么？

解答示例 在大量小网站上发布文字广告

第2章　有条理地思考
自行决定内容并进行思考的诀窍

12　写出自己的想法

笔记为什么重要？

在解答问题时有一种说法是"用手思考"。

我们在电视解谜节目中有时也会看到，回答者会一边大量笔记一边思考。

人一般是利用语言来思考的，但用于思考的语言转瞬即逝。

"哎呀，我刚才想什么来着？总觉得好像有什么灵感，却想不起来了，好可惜啊。"

这样的情形可能每个人都经历过吧。

人的大脑并没有聪明到能记住长时间思考过程中的所有东西。大脑的额叶中有被称作"大脑笔记本"的区域（Working Memory），它能实现暂时性记忆。但这里只能存储极少量的"笔记"，因此需要利用自己的手写下真正的笔记，否则转头就会忘记。

"将想到的重点随时记录下来"是非常重要的。

偶尔的灵光一闪很可能在下一个瞬间就忘记，原本想做的事也可能被彻底遗忘，我们经常会有这样的体验。

请务必记住："不要依赖大脑笔记本。"

能给予大脑刺激

前文向大家提出了"您认为什么是好书"和"请思考人类这种生物"的问题。

这也如下图所示，将思维过程写在纸上就能防止遗漏。

另外，笔记还能帮助整理思绪，从视觉角度重新促进思考，让大脑长期处于高度集中状态，便于激发灵感。

并且通过动手还能刺激大脑本身。

从手部到大脑的有益刺激能让脑更为活跃，所以"写出自己的想法"是具有科学依据的。

第2章　有条理地思考
自行决定内容并进行思考的诀窍

动手做笔记

市场营销
预估
A公司和B公司

"在会议上想到的意见却在发言之前忘记了……"

"好在在会议中做了笔记，稍后重看一下就好了！"

动手做笔记能从视觉上告知大脑"我现在是这么想的""我现在正在关注这个"。

在商谈、会议中
- 用笔记整理自己的意见
- 用笔记整理值得注意的词语
- 用笔记整理自己不懂的地方

"动手做笔记"比用电脑或手机记录更能刺激灵感诞生！

问题 5

"测试的答案":如何从两个选项中找出答案?
——利用"假设"来思考　　　（35分钟）

第1个到第6个问题的答案是?

	第1题	第2题	第3题	第4题	第5题	第6题	总计
青木真人	A	B	B	B	B	A	40分
饭塚舞	B	A	B	A	A	B	30分
上田樱	B	A	A	B	A	A	20分
远藤雄弥	A	A	A	B	B	B	30分
及川玲子	A	B	A	B	A	A	40分
正解							

第2章 有条理地思考
自行决定内容并进行思考的诀窍

这里让我们来试着解答一个问题。

您负责给学生的测试打分。

由于负责人临时有急事,所以由您来接手,但您遇到了一个令人困扰的事。

那就是虽然有答题纸,但您手中没有正确的答案与题目。

已知的是每题的答案是从A和B中二选一,选择正确的答案,"每题得10分,60分为满分"。

寻找相似点

	第1题	第2题	第3题	第4题	第5题	第6题	总计
▶ 青木真人	A	B	B	B	B	A	40分
饭塚舞	B	A	B	A	A	B	30分
上田樱	B	A	A	B	A	A	20分
远藤雄弥	A	A	A	B	B	A	30分
▶ 及川玲子	A	B	A	A	B	A	40分

青木和及川不同之处在第3题和第4题,而他们分数相同,所以这两题的正解是B、A或A、B。

⬇

	第1题	第2题	第3题	第4题	第5题	第6题	总计
青木真人	A	B	B	B	B	A	40分
▶ 饭塚舞	B	A	B	A	A	B	30分
上田樱	B	A	A	B	A	A	20分
远藤雄弥	A	A	A	B	B	A	30分
及川玲子	A	B	A	A	B	A	40分

青木在第1、第2、第5、第6题中回答对了3题。
假设饭塚在第3、4题中答错了一题,那么饭塚也一样在第1、第2、第5、第6题中回答对了3题。

根据已经打分完毕的5个人的回答，请猜出第1题到第6题的正解是A和B中的哪一个。

这个问题的思考方法

首先来看回答相似的人。

青木真人与及川玲子除了第3题和第4题外，回答都一样，分数也相同。

换句话说，他们在第3题和第4题上获得了同样的分数。

青木的回答是"B""B"，及川的回答是"A""A"，而正解是A或B中的一个，所以两人在第3题和第4题中各自获得了10分。

那么，通过计算可知，他们在剩下的4题中得到了30分。

接着来看饭塚舞。饭塚在第3题和第4题中的回答是"B""A"，且最终得分是30分。假设饭塚这两题答错，那么剩下4题中共得到了30分。

但对比青木和饭塚的回答后发现，第1题、第2题、第5题和第6题这4题的回答不同。

由此，这两人就不可能在这4题中得到30分了。

也就是说，之前的假设是错误的。饭塚对第3题、第4题的回答是正确的。那么即可知第3题答案是B，第4题答案是A。

接着来看远藤弥。

远藤答错了第3题和第4题。那么，他必须在剩下的4题中得到30分。

与同样在这4题中得到30分的及川进行比较后发现，他们第2题和第

第2章 有条理地思考
自行决定内容并进行思考的诀窍

区分正确答案

	第1题	第2题	第3题	第4题	第5题	第6题	总计
青木真人	A	B	B	B	B	A	40分
饭塚舞	B	A	B	A	A	B	30分
上田樱	B	A	B	A	B	A	20分
▶ 远藤雄弥	A	A	A	B	B	A	30分
▶ 及川玲子	A	A	B	A	B	A	40分

远藤答错了第3题、第4题，所以得分为30分。
与及川做比较，得出第1题、第5题回答正确。

⬆

	第1题	第2题	第3题	第4题	第5题	第6题	总计
▶ 青木真人	A	B	B	B	B	A	40分
▶ 饭塚舞	B	A	Ⓑ	Ⓐ	A	B	30分
上田樱	B	A	B	A	B	A	20分
远藤雄弥	A	A	A	B	B	A	30分
及川玲子	A	A	B	A	B	A	40分

对比青木与饭塚的回答后发现，第1题、第2题、第5题、第6题全部不同，这也就意味着两人都回答对3题是不可能的，那么饭塚应该回答对了第3题、第4题。

6题的回答不同。如果双方都只错了一道题的话，那么显然他们各在这两题中答错了一题。因为如果其中一人的第2题和第6题都回答正确的话，那么另一人就全都答错了。

从这一点可知，剩下的第1题和第5题是正确答案，所以第1题答案是

65

从正解、非正解中寻找答案

	第1题	第2题	第3题	第4题	第5题	第6题	总计
青木真人	A	B	B	B	B	A	40分
饭塚舞	B	A	B	A	A	B	30分
上田樱	B	A	A	B	A	A	20分
远藤雄弥	A	A	A	B	B	B	30分
及川玲子	A	B	A	B	A	B	40分
正解	A		B	A	B		

上田到目前为止都是错误答案,但她得到了20分,意味着剩下2题必须答对。换言之,正确答案如下。

正解	A	A	B	A	B	A	满分

A,第5题答案是B。

接着来看上田樱。

她共计得分20分,但到目前为止的第1题、第3题、第4题和第5题都答错了。

换句话说,剩下2题必须全部正确。

因此可知第2题答案是A,第6题答案是A。

像这样准确分析已知要素，一步步地进行积累，就能得出正确答案。

防止跳跃性思维，避免"大概是这样"的模糊概念，实现逻辑性思维，是解决这类问题的重要因素。

问题 6

"时间机器"：如果时间倒流会怎样？
——利用"思考实验"来思考 （15分钟）

能否利用时光机来阻止父母相遇？

2980年　父母相遇

3001年　17岁的华莲乘坐时光机前往3301年

3天后

母亲乘坐时光机前往2980年

阻止

之后

3002年　华莲会诞生吗？父母是谁？

第2章　有条理地思考
自行决定内容并进行思考的诀窍

3002年，人类终于成功开发出了时光机。

今年17岁的华莲在某一天发现，自己的母亲竟然是来自未来的人。乘坐时光机穿越时代并留下来生活是被禁止的，但她通过这种方式成为了华莲的母亲。华莲下定决心，打算"前往母亲出生并生活的3300年，阻止她和父亲相遇"。于是，华莲乘坐时光机启程，抵达的年代是3301年，也就是父亲和母亲相遇的3天之前。母亲通过时间旅行回到了2980年，并在那里邂逅了父亲。

阻止相遇的人是谁？

华莲阻止父母相遇
↓
华莲不会出生
↓
没有华莲的话，父母就会相遇
↓
华莲出生

华莲打算从中阻挠，防止母亲与父亲相遇。

那么，请大家试想一下她成功或失败的结果。

这个问题的思考方法

穿越到3301年的华莲来到了一处住所，对即将搭乘时光机且将成为自己母亲的一位女性说道：

"在时光旅行地与人结婚是违反规则的，会让生出来的孩子陷入不幸之中。请不要去××（父母相遇之地）。"

该女性感到害怕，于是中止了旅行计划，最终父母没能相遇。

而如果父母没有相遇，那显然华莲就不会出生。

那么，通过时间旅行前往3301年，阻止原本应该成为自己母亲的女性的人又是谁呢？

既然华莲不会出生，那么显然也不会有人去阻止父母的邂逅。换句话说，造访此住所的少女也就不存在了。

在阻止父母相遇的瞬间，华莲就不可能出生，最终也不可能去阻止父母相遇了。既然阻止女性的人不存在，那么父母两人就会相遇、结合，并平安地生下华莲。而华莲长大以后，得知了母亲的秘密，就会为了阻止父母相遇而前往未来。

这个难题的答案在于"根本不可能发生这样的事""这种设定就是不合理的"。

第2章　有条理地思考
自行决定内容并进行思考的诀窍

父母不相遇的话，华莲就不会存在

没有与华莲相遇，父母就不会结合

华莲没有出生的话，父母就不会相遇

父母没有结合的话，华莲就不会出生

华莲没有出生的话，就不会去让父母相遇

父母没有相遇

那么，华莲也不会成为爱神丘比特

为什么华莲不能凭自己的力量让两人不相遇？

・如果华莲没能阻止父母相遇

穿越到3301年的华莲来到了一处住所，对即将搭乘时光机且将成为自己母亲的一位女性说道：

"在时光旅行地与人结婚是违反规则的，会让生出来的孩子陷入不幸之中。请不要去××（父母相遇之地）。"

华莲是爱神丘比特吗?

我回来了。

欢迎回来,华莲,时间旅行玩得愉快吗?

啊,嗯,还行吧。

跟你说哦,我在生你之前曾经遇到过跟你长得很像的人呢。

……!那个人说了什么?

她说"不要去××"。但听她这么说我反而更想去了,也许那孩子是丘比特吧。

华莲

妈妈

为什么华莲不能凭自己的力量让两人不相遇?

女性却认为"那我去××就会有命运的邂逅",反而更有兴趣了。于是,父母相遇并结合。

如果华莲未能达到阻止父母相遇的目的,就与成功的情况不同,它不会产生矛盾。

但华莲仍旧无法成为爱神丘比特。因为华莲要让两人相遇,就必须在他们相遇之前就存在。

第2章　有条理地思考
自行决定内容并进行思考的诀窍

问题 7

"帽子的颜色"：如何猜中举手的人？
——利用"推理"来思考　　　　　（25分钟）

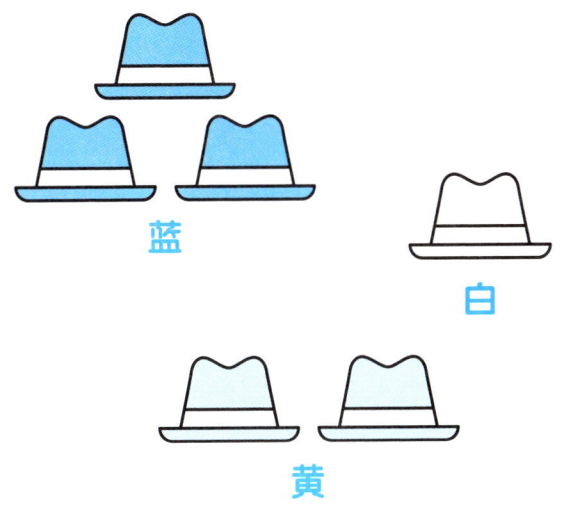

立刻知道自己帽子颜色的人是谁？

蓝

白

黄

※ 已知A~D这4人均可以戴这6顶帽子。

现在一共有3顶蓝色帽子、2顶黄色帽子、1顶白色帽子。

教授召集了对自己的逻辑思考颇为自信的A~D 4人。

教授分别给4人戴上了帽子,但戴帽子的人并不知道自己所戴帽子的颜色,然后,教授将剩下的帽子藏起来。

于是,目前的状况是,戴帽子的人能看到其他3人帽子的颜色,但看不见自己帽子的颜色。

教授对4人说道:"请知道自己帽子颜色的人举手。"

A立刻知道自己帽子颜色的原因是?

如果看到3顶蓝色帽子的话

A无法判断自己的帽子是白色还是黄色。

如果看到2顶蓝色帽子和1顶白色帽子的话

A无法判断自己的帽子是黄色还是蓝色。

如果看到2顶黄色帽子和1顶蓝色帽子的话

A无法判断自己的帽子是蓝色还是白色。

如果看到2顶黄色帽子和1顶白色帽子的话

A可以判断自己的帽子是蓝色。

随即，A立刻举起了手，紧接着其他3人也举手了。

B和C的帽子是同一种颜色。

那么请大家推理4个人的帽子颜色。

这个问题的思考方法

既然A立刻得知自己帽子的颜色，那么显然对于A来说，包括藏起来的帽子颜色在内，都不含任何不确定因素。

如上图所示，要瞬间做出判断，只看到3顶蓝色帽子是不可能的，而看到2种颜色的帽子则有可能。

换句话说，A眼中所看到的是2顶黄色帽子和1顶白色帽子。

只有这种情况才能通过观测其他3人的帽子颜色来推测自己帽子的颜色。

而看到A迅速举手之后，D可能会这样想：

"我的帽子应该是蓝色或白色，而A看不到白帽子就不可能确定自己帽子的颜色，所以我是白帽子！"

B和C则会这样想：

"我能看到蓝色、白色和黄色这3种颜色，那我应该是黄色或蓝色。A马上举手意味着他能看到2顶黄色帽子，那我就是黄帽子了！"

接着，再提一个问题。

现在一共有3顶蓝色帽子、2顶白色帽子。

教授叫来了对自己的逻辑思考颇为自信的3个人A~C，分别给3人戴

如果A是蓝色，B是蓝色，那么C呢？

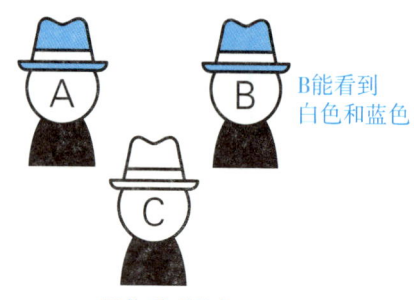

A能看到
白色和蓝色

B能看到
白色和蓝色

C只能看到蓝色

隐藏的帽子

蓝帽子的A、B和白帽子的C，谁会先知道自己帽子的颜色？

上了帽子。

3个人都知道有3顶蓝色帽子、2顶白色帽子，但不知道自己所戴的帽子颜色。

然后，教授将剩下的帽子藏起来。

如果A是蓝色、B是蓝色、C是白色，那么先知道自己帽子颜色的是A和B吗？

还是 C 呢？

之前的问题中有人立刻就举手了，但这次无人举手。

给大家一个提示，即4人都是擅长逻辑思考的人。

也就是说，A会思考："B应该是这么想的，C可能会这样推理。"所以，请大家分别站在A、B、C的视角来考虑。

从各人的视角来思考

可见C是白帽子，如果我也是白帽子的话，由于包括隐藏的帽子在内一共只有2顶白帽子，所以B只能是蓝帽子。然而B不知道自己帽子的颜色，那显然我也是蓝色。

可见C是白帽子，如果我也是白帽子的话，由于包括隐藏的帽子在内一共只有2顶白帽子，所以A只能是蓝帽子。然而A不知道自己帽子的颜色，那显然我也是蓝色。

可见A和B是蓝色帽子。不过自己有可能是白色，隐藏的帽子是白色和蓝色，也有可能自己是蓝色，隐藏的帽子是2顶白色。

他们会有什么样的表现，又会思考什么呢？

这时，最早知道帽子颜色的是A和B。

试着从A的视角来考虑。

A眼中能看到蓝帽子和白帽子各1顶。

那么，A会这样想："如果我是白色的话，B应该马上就知道自己是蓝帽子了吧？但他没有第一时间举手，意味着我也是蓝色！"

B和A的想法一样，所以两人几乎是同时举手。

像这样通过假设不同人物的立场来进行验证，必须具备逻辑思考能力。

缜密地推进思考，在脑中一点点地整理好状况，就能洞悉事物的整体。

第2章 有条理地思考
自行决定内容并进行思考的诀窍

问题 8

"曲奇饼":如何识破谎言?
——根据"证言"来思考　　　　（20分钟）

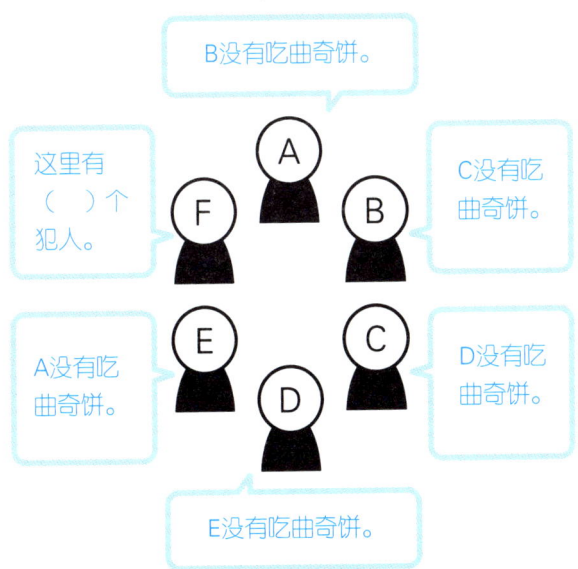

接着来看下一个逻辑谜题，（ ）里的数字还没有确定。

要让这个问题成立，请问应该填哪个数字呢？

桌上原本应该有10块曲奇饼，但现在不见了。

偷吃的人是在以上6人之中。

上面6人中，偷吃了曲奇饼的人在说谎。

而没有吃曲奇饼的人说的是真话。

试着填入数字100

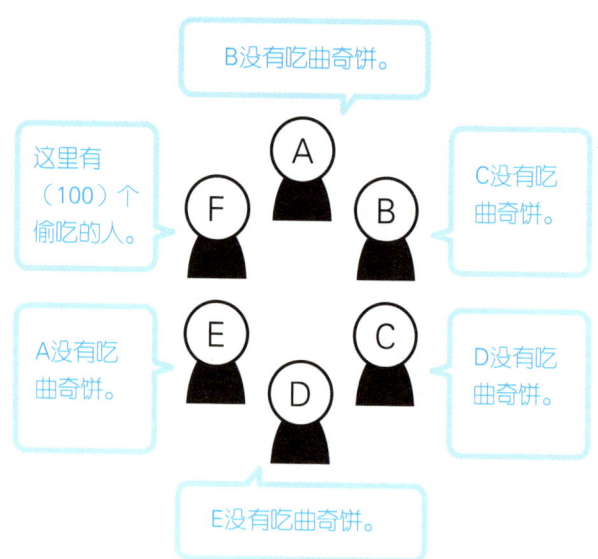

那么，偷吃曲奇饼的人究竟是谁呢？

这个问题的思考方法

当思考走进死胡同时，我们试着随便填一个数字。

先填入任意一个数字。

如上所示，填入数字100。

既然总共只有6人，那F说有100个偷吃的人显然就是在撒谎了。

那么，偷吃曲奇饼的人就是F。

但这样就可以了吗？

如果由您出题的话，可能会得到这样的回答："也许A、B、C、D、E也撒谎了啊，问题根本不成立。"

那么，这个问题的答案就变成了："偷吃的人是F一个人，或者A~F所有人。"

也就是A~E的5个人中，不存在某个人说谎，某个人说真话的情况。

虽然挨个测试也许能得知真相，但如果其中有人说谎的话，就会引发连锁反应，等于所有人都在说谎。

接着来看5这个数字。

除F之外还有5个人，所以如果F回答5人的话，那么他说的是否是真话呢？

如果D所说的是真话，那么其他5人就是偷吃曲奇饼的人。

试着填入数字5

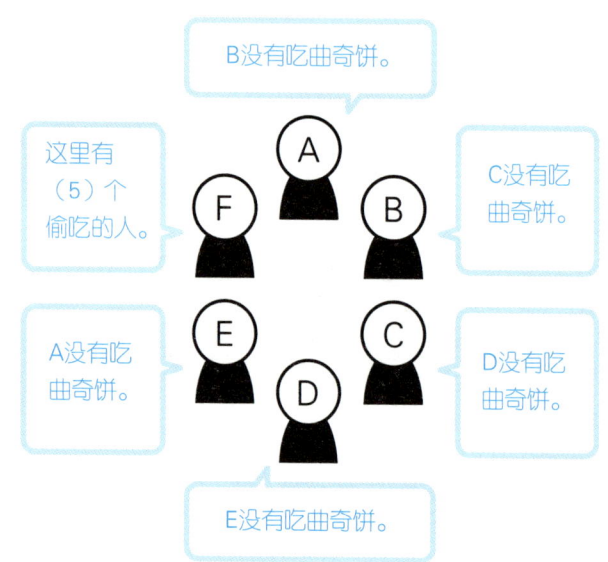

如果F是在说谎,那么又是怎样的情况呢?

F偷吃了所有曲奇饼,却打算将自己所做的事推到其他5人身上。

如果F说谎,那么A~E这5人说的就是真话,这个问题成立。

换句话说,该问题的答案就是:"只有F是偷吃的人,或者A~E这5人都偷吃了。"

那么,能不能将答案缩减为1个呢?

我们试着在括号里填入1这个数字。

第2章　有条理地思考
自行决定内容并进行思考的诀窍

试着填入数字1

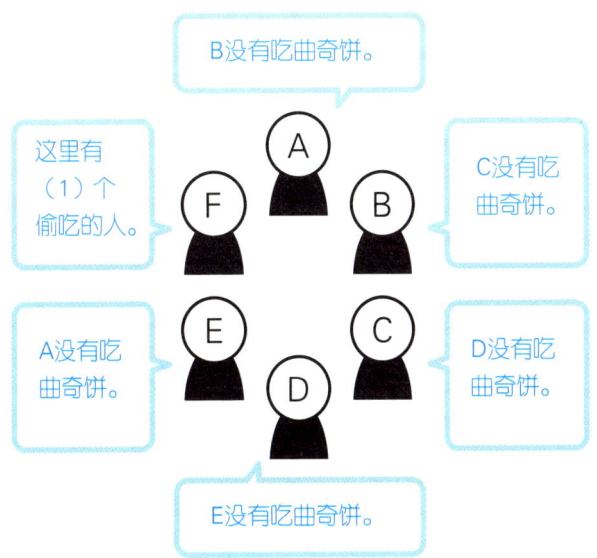

先假设F所说的是真话。

那么，就有1个人是偷吃的人，而A~E这5人分别为不同的人证明"他没有吃曲奇饼"，显然只要其中有1个偷吃的人，他的证人也是共犯。

如果F在说谎。

那么，F就是犯人。但这就解决了吗？

由于前提条件是犯人必定说谎，所以这里就有了矛盾。

因为F所说的"这里有1个偷吃的人"成真了。

如果有另1个人一起偷吃曲奇饼呢？

假如A也参与偷吃，那么F说谎，F就是偷吃的人。

假如A也是偷吃的人的话，B也会成为偷吃的人，C也一样，D和E也会成为偷吃的人。结果得出的答案就是所有人都偷吃了曲奇饼。

由于这是唯一答案，所以问题成立。

附加谜题② 数回

难度 ★★★★★

根据规则来连线。

规则

- 在点与点之间连线，形成整体相连的一个回路。
- 格子里所写的数字表示该格子有几条边（线）。
- 线不能中断，也不能交叉。

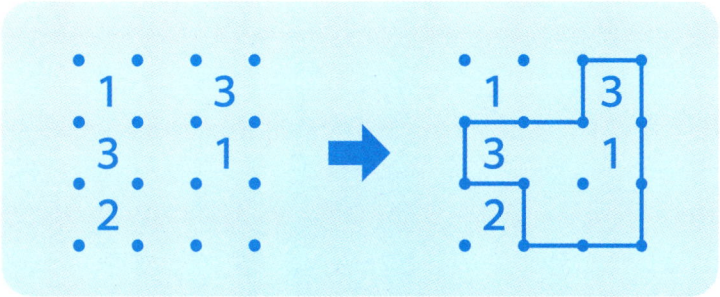

（答案在第174页）

第 3 章
良好的理解
用自己的语言做清晰归纳的诀窍

# 对"理所当然的事"抱有疑问

1+1=2？

想要将事物准确、简明地传达给他人，有一个必不可少的要点。它就是自己必须理解该事物。

即使是看似理所当然的事，如果自己不能理解的话，也不可能实现准确、简明的传达。

那么，所谓的"理解"究竟是指什么呢？

我们来思考以下问题。

1+1=2

这是任何人都知道的加法算式。

但如果孩子对您提问："把一杯水和另一杯水倒进一个大杯子里，那还是一杯水呀。这不是1+1=1吗？"您该如何回答呢？

即使是您自以为理解的，认为理所当然的算式，也可能被提出"为什么"的疑问。

第3章　良好的理解
用自己的语言做清晰归纳的诀窍

回答"为什么"

那么请简明易懂地说明"1+1=更大的1"。

怎么样？

即使您已经完全理解了"1+1=1"这个算式，但面对质问，您是否依旧会觉得："哎呀，这该怎么说明呢？"

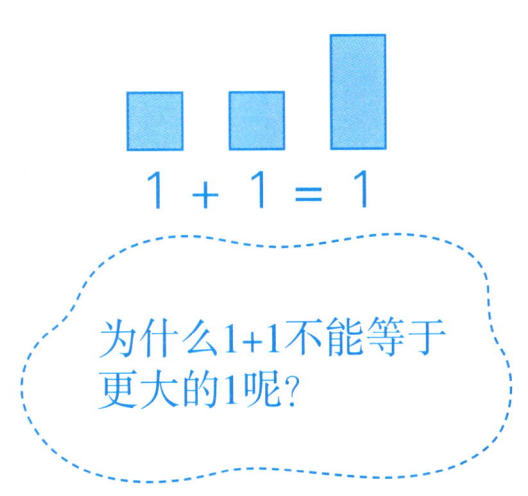

逻辑思考的要点之三：

不能真正理解，就不能进行说明

让我们通过父与子的一段对话来拓展思维。

子："将1杯水和另1杯水转移到1个大杯子里，就等于往1个大杯子里倒水，得到1杯水，那不是1+1=1吗？"

父："不对，是2杯分量的水放进1个杯子里，所以还是2。"

子："既然装进了1个杯子，那不就是1了吗？为什么明明是1杯却要说是2呢？"

父："因为变大了啊，是2杯的分量。"

子："我看书上说，1个苹果加1个哈密瓜等于2啊，所以跟大小没关系吧。比如1只蚂蚁和1头大象相加，也是1+1=2，那就算是变成了1大杯水也还是1呀？因为哈密瓜也更大，大象也更大，就像1大杯水呀。"

父："但1个苹果加1个哈密瓜不是等于2吗？"

子："把苹果和哈密瓜都榨汁装进1个杯子里就是1吧？"

父："……"

第3章 良好的理解
用自己的语言做清晰归纳的诀窍

子:"告诉我嘛,为什么?为什么是2呀?"

父:"你说的也有一定道理,但是在计算的世界就是错的,因为计算是有规矩的。"

子:"计算的规矩?"

父:"就是必须按计算的规则来,反正最初装进杯子里的水一定是1,只能按1杯水来做加法。"

子:"嗯。"

父:"我们不能改变固有规则。这是1,这也是1,这个杯子和那个杯子的水加起来就是2。在计算里没有'更大的1'这种说法。"

像这样尝试说明,就能在说明的过程中加深自我理解,因为即使是您自认为理解的东西,也可能并没有真正了解其本质。

14　找出"为什么"的答案

寻找同类

接着来思考下面的问题。

红绿灯有青[①]、黄、红这三种颜色,但实际上红绿灯的青是绿色而非蓝色。

"为什么明明是绿色却说是青色信号呢?不是绿色信号吗?"

如果有人这样问您,您该怎么回答呢?

这时最重要的就是寻找同类。

试着寻找"实际虽然是绿色,但被称作青"的同类。

请立刻来试试看。

"寻找同类"也是逻辑思考的有效方法之一。

比如,青苹果是绿色的,青海苔也是绿色的,青葱和青辣椒同样是鲜艳的绿色。再找还能发现更多。即使不具备这方面的知识,也能以此推测"青

---

① 青,日语意为蓝色。

苹果或青辣椒也是用青表现绿。这应该是日本自古以来称之为青的习惯吧"。

这样显然就比"我也不知道"的回答更令对方信服，认为您确实在"思考"。

寻找表现的不同

但这还不足以解决"为什么"的问题。

关于表现颜色的单词，令人觉得不可思议的地方还有很多。

"青、赤、白、黄色……为什么只有黄色这个单词后面有'色'这个字呢？"①

还有"青い、赤い、黑い、白い、黄色い、桃色の、绿色の……"为什么在颜色词汇后面加"い"的只有"青い""赤い""黑い""白い"这4色？②

这是为什么呢？

调查后发现，日本自古以来的颜色原本只有4种。

有日式名称的颜色明明高达几百种，这确实令人难以置信。

但在《日本书纪》和《古事记》中出现的颜色确实只有"赤""黑""白""青"4种。

它们似乎是用于指代光的程度，表示太阳亮度的是"赤"，表示黑暗的是"黑"，表示黎明的是"白"，表示中间模糊光线的则是"青"。

---

① 译注：日语单词中，前3项词尾都没有"色"字。
② 译注：日语名词后接い就成为形容词。

在不经意间随时思考"为什么"

为什么不是"绿"而是"青"？

此外还有各种各样的"为什么？"

· 为什么键盘的字母设置不是按照ABC的顺序？
· 为什么资料的大小有A4和B5却没有C？
·
·

像这样通过解决"为什么"，就能练习逻辑思考，并且在此过程中得到的答案作为新的知识更容易留在记忆中。

15 调查自己不了解的事物

思考"为什么",能加深理解

先前我们思考了"1+1=2"和"青信号的颜色"这两个问题。

在这两个问题中,我们通过思考"为什么",逐渐加深并拓展了理解。

发明家托马斯·爱迪生小时候也曾向用黏土为例教学"1+1=2"的老师提出疑问:"1+1不等于大的1吗?"因为在他看来,将2个黏土捏成1个就得到了一个大的1。

敢于对身边的各种小事提出"为什么"并寻找答案,就能提高您的理解能力和思考能力。

另外,思考"为什么"还能增加知识量。

学会深究"为什么",就能从调查"为什么"的答案过程中收获相关知识,从而吸收新的知识。

而知识与理解又是密切相关的。

相关知识能提高理解力

T与朋友的哥哥聊天时听到对方说"最近在学sosuu",就对此产生了兴趣。

"sosuu"是什么呢?T决定查一下。

"sosuu,汉语叫作素数,指的是在大于1的自然数中,除了正因数1和它本身以外,不再有其他因数。那么,自然数是什么?因数又是什么?'正'又是指什么?"

T完全无法理解,于是放弃了继续调查,放弃的原因是"太难了"。

您是否也曾和T一样尝试去做调查,却因为太难而放弃了呢?

是因为无法理解吗?是因为理解能力本身不够吗?

从T这个例子来看,他显然并非是理解能力不够,而是由于知识储备不足而导致的无法理解。

脑中浮现"为什么"之后开始调查,或者通过读书等方式接触更多信息,以此零散地增加知识,对于理解事物来说也是必要的。

第3章　良好的理解
用自己的语言做清晰归纳的诀窍

通过"调查不了解的事物"来加深理解

为什么　　　知识　　　原来如此

您知道以下词语的意思吗?

解决方案（solution）

市场营销（marketing）

销售规划（merchandise）

解答示例　解决方案：指解决事务、商业问题或课题的信息系统或服务。
市场营销：更为完善地向消费者提供商品或服务的概念。
销售规划：为了让消费者购买商品而进行企划、开发、销售方式、服务方案和价格设定等。

"知识"能成为思考的"材料"。
加深理解力，拓展知识，以此提高逻辑思考能力。

97

16 尝试质疑身边的事物

养成质疑事物的习惯

尝试质疑包括理所当然的常识在内的各种事物，就能激发出新的想法。

比如，哲学家笛卡尔就在质疑整个世界的过程中得出了"我思故我在"的哲学命题。

换句话说，他得出了这样的结论：即使质疑一切，也不会质疑"现在正在思考着的我，本身就存在"。

您也可以通过质疑身边理所当然的事物来发现自己以往所忽略的东西，从而促使自己产生新的灵感。

新的创意由此诞生

当您听到别人说"这是常识啊"的时候，您是否会在意"什么是所谓的常识"呢？

试着仔细思考什么是常识，可能会发现很多都只是单纯的自以为是。

一些我们自认为是常识的东西,理所当然地觉得"一定是这样没错",但一旦所面对的人或场所发生改变,所谓常识其实在很多时候都难以行得通。

既然如此,那么打破"自认为是常识的东西"是否可行呢?

当人对常识产生质疑后,就有可能催生出新的商品或服务,或者激发出新的创意。比如,当"茶得自己泡"的常识被打破后,现在自动售货机和超市都有现成的茶出售。

另外,大多数洗衣店都困扰于"客人不来取衣服,导致衣服都没地方放"的问题。

这时,难道就只能努力联络客人了吗?

其实可以考虑颠覆"客人来取衣服"这一常识性的服务。

所谓常识,其实就是那个时代、那个地方的主流行为。

因此,质疑常识,甚至脱离常识,反而有可能打造出最尖端的、划时代的、崭新的商品或服务。然后,它们就成为新的常识,在这个时代和这个地方焕发光彩。

从质疑常识开始

例如……

试着思考B该填什么

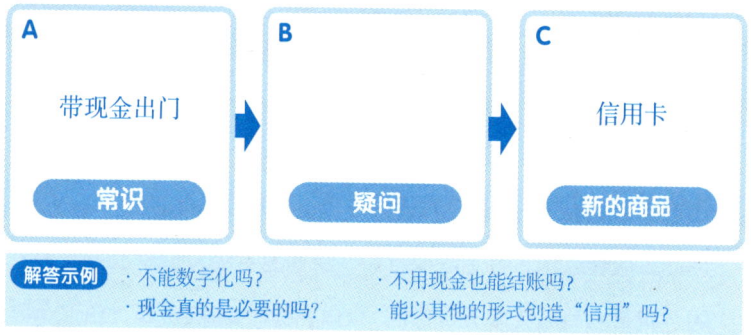

试着思考C该填什么

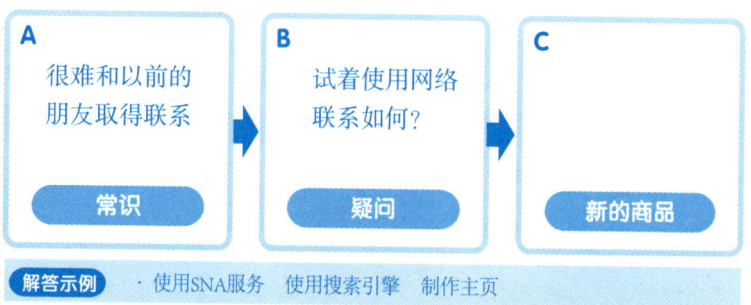

第3章 良好的理解
用自己的语言做清晰归纳的诀窍

 **17** **不能光靠死记硬背**

理解与背诵的区别

充分理解与死记硬背之间有巨大的区别。

就算能够复述所记住的东西,但如果自己不能理解的话,也不可能简明易懂地向他人传达,不可能进行归纳,更不可能对其做分析。以思考梯形的面积为例。

梯形的面积公式是"(上底+下底)×高÷2"。

如果上底长3cm,下底长9cm,高7cm,可计算如下:

(3+9)×7÷2=42(cm²)

您认为"照这样计算就可以了"。如果照这样死记硬背公式的话,也许你就是不擅长质疑事物的人。

"为什么要'上底+下底'?"

"'÷2'的意义是什么?"

"为什么要用2这个数字?"

如果提出以上疑问并解决疑问,那么即使您忘记了梯形的面积公

101

式，也能自己重组公式。

这就是理解与死记硬背的区别。

理解能帮助应用

第一次来东京的人在搭乘电车时，可能会苦恼于如何换乘。即使是以事先调查的电车资料为基础，也只能按调查到的路线乘车。但如果是精通东京复杂的交通状况的人，哪怕是某条路线发生了事故，他也能找出其他路线到达目的地，实现灵活应对。

初次来东京的人只是"知道"到达目的地的方法，而精通东京交通状况的人"了解"如何到达目的地。

只知道死记硬背就做不到灵活运用，大多只停留于已知事情的表面。

如果是"了解（理解）"的话，则能从多角度应对相关问题，并妥善解决问题。

第3章　良好的理解
用自己的语言做清晰归纳的诀窍

死记硬背谈不上"理解"

比如,电话接线员可分为只按照手册来回应来电者的人(死记硬背)和能够立刻领会对方的意图并随机应对的人(理解)。

➡ **不是"死记硬背",而是"理解"**

当您想要逻辑性地思考事物时,如果达不到理解的程度,则不可能实现深层思考,也不可能投入应用。

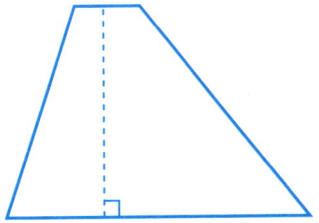

梯形的面积等于"(上底+下底)×高÷2",但原理是什么?请试着思考。

所以

解答示例 将梯形分为上下颠倒的两部分后就成了平行四边形,而将平行四边形凸出的部分切割替换后就成了长方形。所以,思考长方形的面积公式就能证明梯形公式的正确性。

103

18 用自己的方式归纳所理解的事物

确认自己是否理解

将同样的梯形旋转180度后相连,就成了平行四边形。

这时如果您对"是否真的能变成平行四边形"有疑问,那么就可以进一步调查。

但您真的"理解"为什么平行四边形和长方形的面积能用同样的计算方法来计算吗?

是理解还是死记硬背?是真正想要去了解还是只将其作为常识接受?

"自己真的理解了吗?"当您产生这种疑问时,有个简单的方法可以为您解惑。这就是试着说明:可以试着向某个人说明,也可以自言自语。

在心中假装自己是讲师

比如,可以假设自己是某个小型研讨会的讲师,模拟着做说明。也就是，试着思考是否能让前来听您说明的人弄懂您要讲的内容。

如果您作为研讨会讲师，要说明的是"人只要制定一个快乐的预设就能提升幸福度，比如'辛苦一整天后有啤酒配饭等着我'，这种简单的预设就能提高幸福度，同时也能提高干劲"，那么就要预先在心中模拟听众或恶意或无心地提问，如，"去昂贵的餐厅消费可以作为让人开心的预定事项吗？""那像是'天气好的话就去海边'这种不确定的预定事项呢？""实际上也有最后并不愉快的可能性吧？""其实不努力也可以喝啤酒啊？"等等。

在回答这些问题的过程中，能逐步整理自己的思绪。

另外，也请大家在说明时试着整理语言，以"这是根据○○……""重点如下"等方式作归纳。

如果自身未能充分理解，就不可能对事物进行归纳，所以这对确认自己的理解程度相当有效。

尝试做说明，以此确认自己是否理解

例题

为什么会有四季？请填写以下空格

地球会在1天内绕自转轴（①　　　）。

并且会用（②　　　）年时间，绕着太阳（③　　　）。

地球的（④　　　）约有23.4度的倾斜。

因此，随着太阳的位置不同，1天内（⑤　　　）的量也会有差异。

这种差异形成了夏季和冬季。

夏季为什么炎热？

原因为以下两个。

第一个原因是光照（⑥　　　）。

第二个原因是夏季的阳光几乎是（⑦　　　）照射，所以我们承受了更强烈的光照。

冬季则正好相反，而春天和秋季则不受（⑧　　　）倾斜的影响，所以比夏季更凉爽，比冬季更温暖。

解答示例 ①自转；②1；③公转；④地轴；⑤阳光；⑥时间长；⑦垂直；⑧地轴

19 利用"打比方"来思考

如何灵活运用理解

当您将自己已理解的东西传达给他人时,有一种方法能帮助您让内容更为简明易懂,提高对方的理解程度。这个方法就是"打比方"。

这里以"社会性懈怠"一词来做说明。

该词是指"当大多数人聚成团体同时做一件事时,每个人的努力程度就会降低"的现象。比如,以参加寻找大幅画中隐藏的时钟这个游戏为例。

如果只有1人参加,他就只能靠自己找出时钟的画。但如果是10人小组参加的话,小组成员就容易产生侥幸心理,认为"总会有人找到的",自然不会像单人参加时那么努力。

又比如,在《大萝卜》这个故事中,最初是老爷爷一个人想拔大萝卜。这时如果将老爷爷的力量视作10,那么多个人和动物一起拔萝卜时的力量大约就是9或8了。

所以，成果并不是与人数的增加成正比的，成果不等于"×人数"。这就是以"打比方"的方式对"社会性懈怠"做出的阐释。

让概念更清晰

像这样，利用打比方来表现具体的例子，就能让听者对概念更为明确，最终能提高理解程度，产生恍然大悟感："啊啊，原来如此，原来是这么回事。"

在121页的"问题11"中也准备了"猴子也会从树上掉下来""一石二鸟""笑掉大牙"等谚语，便于大家用来思考打比方的问题。

平常我们在听到有人问"比如说"的时候，为了更便于对方理解，就可以考虑利用打比方来做说明。因为这能提高理解程度和表达能力。

第3章　良好的理解
用自己的语言做清晰归纳的诀窍

利用打比方进行演示

如果利用"打比方"来进行演示的话……

- 便于他人了解商品和服务
- 便于他人了解其存在
- 便于他人采取行动

据说，脑前叶是负责决策和整理整个大脑逻辑的部分

⬇

比如，飞机的驾驶员就像是管弦乐队的指挥家一样

⬇

对方领会！

掌握"打比方"就能成为"说话好懂"的人！

您会怎么"打比方"？

平假名过多可能会让人理解困难。

⬇

比如

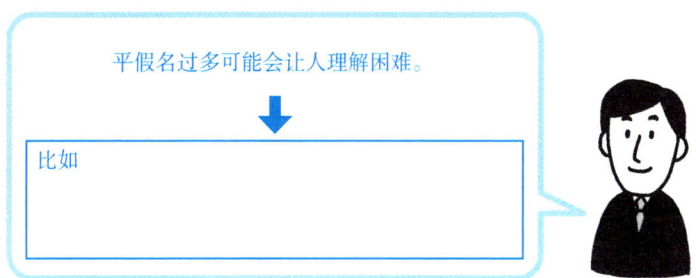

解答示例　如果您听到这样的话："今天的agenda（议程表）是这样的。这个项目还pending（待解决）对吧？等再搜集一些evidence（证据）再说吧……那次会议请delay（延期）。"这时，听者恐怕会请他"说日语"。

109

| 问题 9

"西点店的问卷调查":不足之处究竟是什么?
——利用"枚举分析法"来思考 （30分钟）

不符合任何选项时该怎么办?

★ 请告诉您得知本店的原因

① 很久以前就知道了
② 偶然发现了这家店
③ 从朋友、熟人口中得知
④ 从报纸、杂志和街头广告得知
⑤ 从广播得知

第3章 良好的理解
用自己的语言做清晰归纳的诀窍

某当地人气西点店AKASATA的Y制作了该店网页中的邮件表单。

"完成了！"

Y制作好邮件表单，立刻将它拿去给店长过目。

邮件表单中不仅有姓名、注音假名、邮件地址、电话号码等栏目，在咨询栏前还有上述问卷调查。

看过邮件表单的店长叹了口气。

"这个最好还是加上第6点、第7点吧，您知道不足之处在哪吗？"

"……第6点和第7点？……"

这次虽然加上了"其他"选项，但……

请选择一个打○

① 自用　　　　② 送礼用

③ 土特产用　　④ 纪念日用

⑤ 送家人　　　⑥ 商务用

⑦ 其他（　　　　）

111

"您想想，制作AKASATA网页的原因是什么？"

"因为通过网络寻找店铺的客人越来越多了呀。"

"没错，这就是答案。"

"……网络就是答案？……"

"另外，如果您是从某个社区的集会上从某人手中分到本店的泡芙的话，上述选项您该选哪个？"

Y立刻回答道："这个我认为是罕见情况，所以……"

"那在电车上看到我们店包装袋的人呢？"

利用枚举分析法（MECE）思考

· 通过网络得知的人呢？

· 通过社区集会得知的人呢？

· 偶然间通过包装袋得知的人呢？

这种情况该怎么办？

※所谓MECE，是英文Mutually Exclusive Collectively Exhaustive的缩写，意思是"相互独立，完全穷尽"。

第3章 良好的理解
用自己的语言做清晰归纳的诀窍

"这个也是少数人吧?"

"所以要问的就是,如果是罕见情况该怎么办?"

Y制作的邮件表单不足之处,就是没做到上面枚举分析法所说的"完全穷尽"。这会导致不少人无法选择"得知本店的原因",那么不足之处究竟是什么呢?

这个问题的思考方法

答案是"搜索引擎"和"其他"。如果没有这两个选项,就会变成难以回答的问题。

接着我们以山本的例子来看什么是枚举分析法的"相互独立"。

由于店长想要在店内设置问卷调查,所以Y制作了小型问卷调查表。而店长希望能通过它了解客人是基于什么用途来选择店内西点的。

Y最后制作的问卷调查表包括以上内容。他反省了之前制作的邮件表单的失误,这次谨慎地加入了"其他"选项,自信满满地交给店长。

"店长,我做好了!把它复印就行了吧!"

"嗯?啊,这个……"

"又怎么了?"

"如果某个公司的员工给另一个交情不错的公司送土特产的话,是选③呢,还是选⑥呢?"

"这个嘛……"

Y陷入了沉思。

如何才能实现"相互独立"和"完全穷尽"?

"如果是家人纪念日呢?是选②呢,还是选⑤呢?"

"这……"

这就是枚举分析法中所谓"相互独立"的部分。

如果有多个答案,但又属于问卷调查,只能选择一个的话,就会让人难以回答,从而导致不少人放弃参与回答。如果将枚举分析法的"相互独立"与"完全穷尽"的概念画出来,则如上图所示。假如将生物分为"动物、植物、人类",那么"动物"和"人类"就是重复的。像这样去思考的话,会发现其实枚举分析法也并不是很难的。

第3章　良好的理解
用自己的语言做清晰归纳的诀窍

 弄清"是否真的必要"

不必事事全靠枚举分析法

枚举分析法是逻辑思考的基本思考方式之一,但这并不意味着"任何事都必须靠枚举分析法解决"。

如性别登记栏的选项永远是在"男、女"之一做选择。

如果这也要用枚举分析法去严密地筛查,那就成了非常复杂的问题了。尤其是在"完全穷尽"方面,平常我们总有许多疏忽的地方,如果过于严苛,那么每天都会过着怀疑"是不是没有完全穷尽"的生活。枚举分析法难免会让人过于严密。

之前提到的生物例子也是,除了专业学者以外,现在我们将其分为"动物、植物、其他"即可。

枚举分析法的优点是"没有遗漏也没有重复",清晰易懂,能掌握从整体到部分细节。

而我们在关注细节时,应该好好思考:"这对于达到目的是否是必要的?"

事先了解枚举分析法能提高效率

比如A打算整理出"去逻辑车站附近的20处名胜古迹的交通方式",并发布在网上。

要到逻辑樱花公园,需要乘坐电车到达邻近的思考车站,从那再徒步行走20分钟。

要到理论电影院,需要搭乘车站前的公交车,约30分钟到达。要到逻辑会馆则要先步行8分钟到达渡轮乘坐中心,再乘坐15分钟渡轮。

A顺利地整理出了前往20处名胜的方法。但上司看了他整理出的结果后只说了一句:"不使用有轨电车或接送汽车吗?"A闻言恍然大悟。A忘记(遗漏)整理出有轨电车和接送汽车了。像这样在没有"完全穷尽"或"相互独立"的前提下进行思考或作业,往往只会让不能"完全穷尽"和不能"相互独立"一直保留和影响到最后。

要减少无效作业,让思考变得有效率,就要提前牢记枚举分析法原则并使用它。

第3章　良好的理解
用自己的语言做清晰归纳的诀窍

运用枚举分析法，能从整体看细节

某可丽饼店推广新商品时

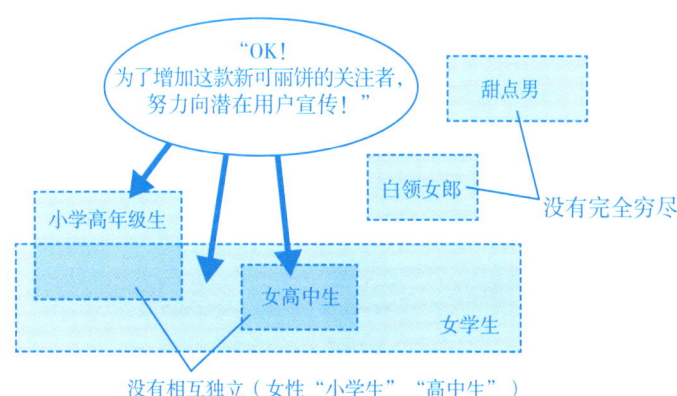

必须做运用枚举分析法的项目
- 掌握顾客的年龄层和职业等
- 找出能提升销售额的要素
- 用表格总结调查结果
- 制作各市县的排行榜
- 管理业务流程
- 做程序设计
   ……

不必运用枚举分析法的项目
- 职业选择栏中不需要"完全穷尽"地列出所有职业
- 性别等不需要考虑超一般常识的情况
- 如果时间有限，运用枚举分析法会导致效率低下，则不必去做
   ……

枚举分析法是指"相互独立，完全穷尽"，能避免做无用功。

问题 10

"身边的事物":如何向陌生人做介绍?
——思考"知识" （25分钟）

用自己的语言来做说明

如果向不知酒杯为何物的人介绍酒杯的话,该怎么做?

如果向不知门为何物的人介绍门的话,该怎么做?

第3章 良好的理解
用自己的语言做清晰归纳的诀窍

即使是被公认为常识性的东西,当您向别人做介绍时也会发现,这其实很难。

假设听者完全不了解您身边的某个事物,请试着对他做介绍。

比如向不了解酒杯的人介绍酒杯。

如果完成了对酒杯的介绍,接着试试介绍门。

请填写上方空白栏。

什么样的词语能连接对方的知识库?

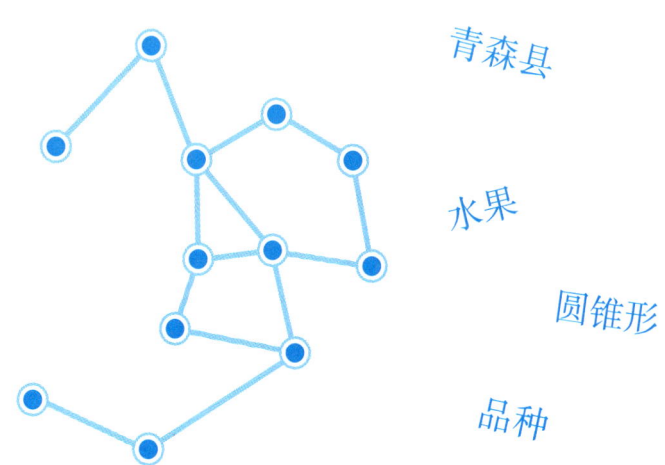

青森县

水果

圆锥形

品种

这个问题的思考方法

酒杯就是"喝酒或饮料时作为容器使用的东西",对吧。

门则可以说是"将房间和走廊、家和外面隔开的可开合的屏障"。

字典中的解释如下:

酒杯:喝饮料、喝水时所使用的圆锥形容器。

门:可以开、关的出入口。

我们在介绍某个事物时,一定会结合以往的记忆来选择语言。如果是苹果的话,可能会联想到水果、红色、青森、甜、爽脆、超市等词语,以自己掌握的知识来做介绍。

比如,"苹果就是水果的一种,主要产地在青森县,表皮呈红色,口感爽脆,很甜,超市售价在200日元左右"。

但重点在于如何选择语言,使其能够与对方的知识产生关联。

第3章　良好的理解
用自己的语言做清晰归纳的诀窍

问题 11

"谚语"：用"打比方"来做介绍
——利用"事例"来思考　　　　　　　　（30分钟）

试着用谚语来打比方 ①

猴子也会从树上掉下来（含义：智者千虑，必有一失）

打比方：

一石二鸟（含义：做一件事，得到两种好处）

打比方：

笑掉大牙（含义：高兴至极，牙都笑掉了，通常用来形容行为荒谬，极为可笑。）

打比方：

在商业场合中常用"比如说像这样"来打比方,以转换说法的方式来让对方更容易理解。

所以,谚语作为自古以来使用的语言,如果我们能善加利用,不仅能让对话更具可知性,还能直截了当地表现我们想说的东西。但要做到灵活使用,首先必须得准确了解它的意思。

试着用谚语来打比方②

狐假虎威(含义:自己没有多大力量,但借着别人的权势来欺压、恐吓人。)

打比方:

敲打石桥再过河(含义:敲打石桥,觉得十分牢固后再从桥上通过,形容一个人极其小心谨慎。)

打比方:

如虎添翼(含义:强者得到帮助后变得更强。)

打比方:

大家可以试着以谚语的意思为题材来练习使用"打比方"。

这也是能锻炼商业活动中不可或缺的创造力和想象力的机会。

这个问题的思考方法

当然，以下所列举的用法并不是唯一正解，这里暂且作为解答示例来介绍。

猴子也会从树上掉下来——用来比喻每天做饭的母亲也有烧焦锅底的时候。

一石二鸟——用来比喻为了减肥而运动，同时也提高了身体素质。

笑掉大牙——用来比喻自己落入自己挖的陷阱。

狐假虎威——用来比喻像机器猫中的小夫一样借着别人（技安）的力量来装腔作势。

敲打石桥再过河——用来比喻准备英语单词测试时，为了不出错而再次复习单词。

如虎添翼——用来比喻经常在全国考试中名列前茅的A为这次面试准备了完全的对策，本来成绩就优异，又做好了面试的准备，可谓是所向无敌。

问题 12

"消失的100日元":如何用计算来思考?
—— 利用"图"来思考　　　　　　（25分钟）

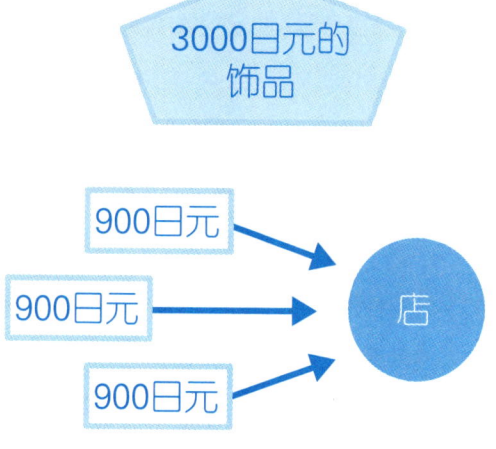

每人支付900日元
共计2700日元。

第3章　良好的理解
用自己的语言做清晰归纳的诀窍

接着,一边学习理解能力一边解决问题。

某杂货店来了3名顾客。他们打算购买3000日元的饰品,每人支付1000日元。打工的青年负责结账。

这时,店长说着"承蒙惠顾",从店后走了出来。

打工的青年向店长汇报售出了饰品。

店长闻言,说道:"那个饰品我打算给他们500日元的折扣,您去告诉他们降价500日元,再把这500日元还给他们。"说完又回到店铺后头了。

打工的青年心想:"既然那个陈列品是3人合买的,那500日元不能分成3等份就麻烦了。干脆我告诉他们降价300日元,每人退他们100日元,剩下的200日元装进自己口袋应该没事。"

于是,他将200日元放进了腰包,退给了3名客人每人100日元。

这样一来,3人等于每人支付了900日元。

900日元×3=2700日元。

再加上打工者中饱私囊的200日元,就是2900日元。

哎呀?明明应该是3000日元,为什么少了100日元呢?

那100日元去哪了呢?

这个问题的思考方法

首先来整理该问题的数据。

- 购买的是3000日元的陈列品

本应是3000日元,但……

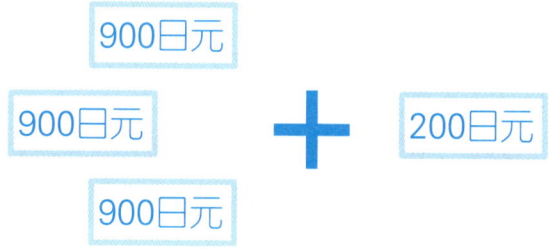

这里加上打工者私藏的200日元,共2900日元

支付的金额加上私藏的金额仍旧不够

- 3名客人每人支付了1000日元
- 打工的青年退回的不是500日元而是300日元,扣下了200日元。

900日元(每位客人支付的金额)×3人=2700日元,最终每名客人分别支付的是900日元。

如果加上打工青年中饱私囊的200日元,则是2900日元。

第3章　良好的理解
用自己的语言做清晰归纳的诀窍

问题在于如何加上打工青年私藏的200日元。

将退给客人的300日元和打工青年私藏的200日元相加，只是求得了500日元的折扣款，将它与支付的900日元相加是错误的计算。

客人最终支付的是2700日元，而真正的价格是2500日元，其差额被打工青年拿走了。

其实是这样的

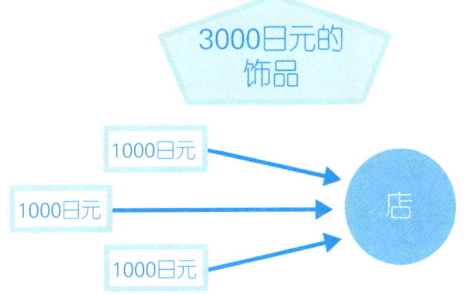

每人1000日元共计支付3000日元

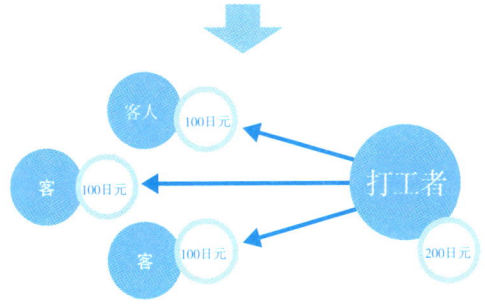

打工者扣下了200日元

127

那么为什么我们会觉得好像有100日元消失了呢？因为加上打工青年所扣下的金额后就接近了3000日元，所以给我们造成了错觉。如果理解力不足，就容易做这样错误的计算。

让我们来稍微改变一下设定。
- 购买的是3000日元的饰品
- 3名客人每人支付了1000日元
- 该商品降价2000日元
- 打工的青年退回的不是2000日元而是300日元，扣下了1700日元

客人所支付的2700日元如果加上打工者私藏的1700日元，那么就是4400日元。这个答案显然超出了饰品的价格。

这样一来，我们立刻就会发现计算出现了错误。

打工者扣下的1700日元其实只是店主打算返还的2000日元中的一部分，加上实际返还给每位客人的100日元就是2000日元。

第3章　良好的理解
用自己的语言做清晰归纳的诀窍

如果饰品降价到2000日元

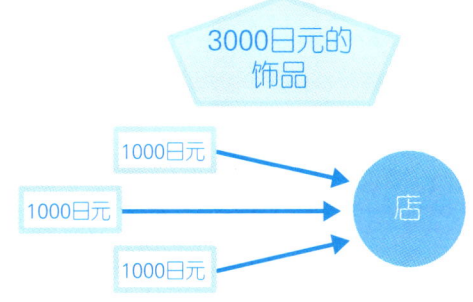

每人1000日元共计支付3000日元

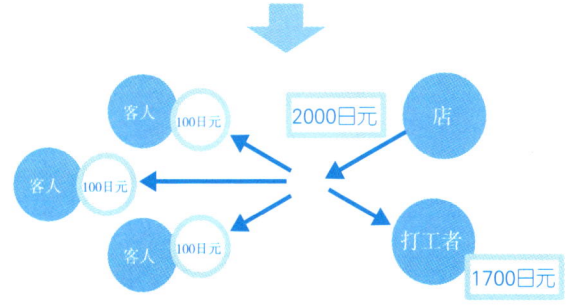

由于退款是2000日元，那么资金流向如图所示

附加谜题③ 变形的池子

难度 ★★★★☆

请根据规则来填涂池水部分的格子。

规则

- 填涂的格子要全部连在一起。
- 左方和上方所写的数字表示该行或该列应该填涂几个格子。
- 内有★的格子不可填涂（表示大岩石）。

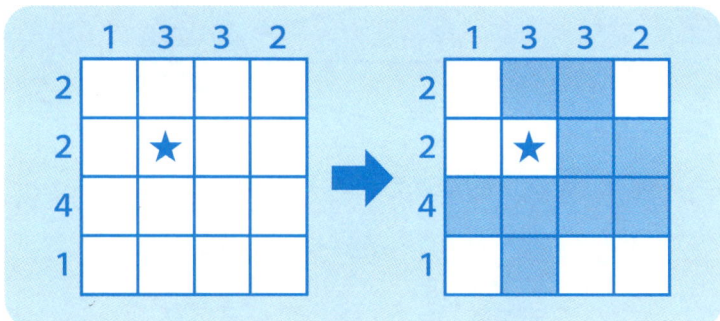

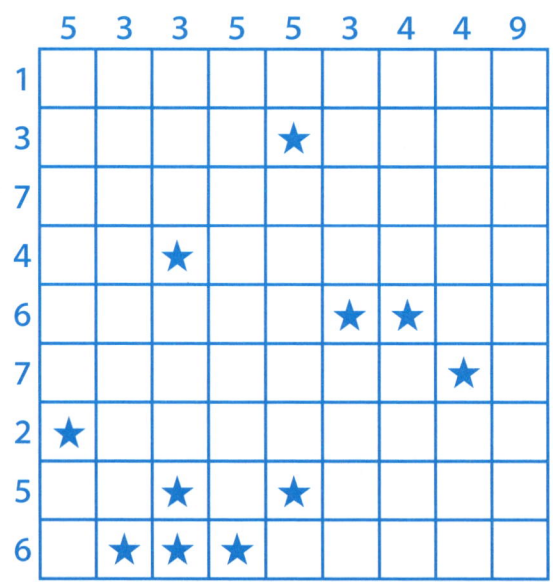

（答案在174页）

第4章
简明易懂地表达
面对任何对象都能流畅说明的诀窍

整理脑子里的东西

您正在思考什么?

"思考"和"用声音表达"是既相似又不同的。

即使有人让您"说出现在正在思考的东西",我们也往往不能将自己的想法很好地表达出来。

当有人问"您现在在思考什么"时,假设回答如下:

"我在想昨天看的《魔女宅急便》,它为什么不用'宅配便'①这个词呢?是因为发音不够可爱吗?"

但实际上脑子里想的东西可能和回答完全不同。

"多奇怪的面包店啊,主人公只吃薄烤饼吗?不吃剩下的面包吗?黑猫……吉吉后面好冷淡啊,是因为没有魔力就不愿意靠近了吗?虽说它外表是猫,但真的是猫吗?那个场景的配乐真好听啊。"

---

① 译注:日语的"宅配便"指快递等配送服务。

也许您脑子里想的是这些乱七八糟的事。

我们大脑中必然会浮现碎片化的影像，不可能一直处于"思考××"的连贯性思维中。

但当有人问"您正在思考什么"时，要将自己模糊的思考内容表述出来是很困难的，往往只会讲出自己第一时间想到的东西。

整理思绪

我们不会直接将自己脑子里思考的内容零碎地说出来，而是会整理思绪，将其变为能够传达给他人的语言。

哪怕是单纯地回答"我在想《魔女宅急便》"，这也是已整理过的语言。

会双语的人也是很好的例子。

他们可能会被问："你们平常思考的时候是用英语还是用日语呢？"

如果答案是"英语"的话，那这个人还需要将用英语思考的东西转换成日语来表述。

这就是传达时的语言变换。

本章接下来介绍将"思考的东西"和"理解的东西"用语言传达给他人的诀窍。

什么是整理思绪

请回忆参加研讨会、听讲座、看电影、旅行时的情况并思考：

发言的内容

"非常好，尤其是……"

思考的内容（以研讨会为例）

对研讨会会场的印象
天气
讲师原来是这样的人啊。
哎呀？他名字叫什么来着？
哦，原来写在白板上了啊。
真是有趣的讲座，挺好懂的，尤其是那个部分……
去那里的路线
回去时要吃的东西

在大脑中整理要传达给他人的内容

例题1
请介绍您喜欢的节目。

例题2
请介绍您正在做的工作内容。

22 选择向对方传达的语言

简明而清晰

有时，电视节目的评论员或政治人物说出的话中有大量艰涩难懂的词语，让人听了一头雾水，难以理解其中的意思。

不懂词语的意思，显然不可能实现正确的传达。

换句话说，虽然传达者本人了解自己所说的话，但听者往往会弄不明白。

在思考选择向对方传达的语言时，关键在于挑选即使是小学生也能听懂的词语。

这并不意味着您看不起对方。

而是意味着"假设听者是小学生，就会尽量使谈话简明易懂"。

更重要的是，既然是要让对方理解自己的话，那么就没有必要选择艰涩难懂的词语或不必要的修辞。

在怀疑对方的理解能力之前，我们必须先确定自己是否选择了能让对方领会的用语。

数字具有说服力

此外,数字还具有极强的说服力。

比如,比起"在日本,喜欢拉面的人很多,我周围几乎没有讨厌它的"的话语,下面所介绍的说法在证明"拉面爱好者非常多"这一点上更具有说服力:

在"您喜欢拉面吗"这一约4000人参与的问卷调查中,选择"非常喜欢""喜欢"和"还算喜欢"的人加起来占总体的78%。

相反,回答"讨厌""非常讨厌"的人加起来还不到1%。

也就是说,日本人似乎的确很爱拉面。

这种一目了然的数字,在表现通用的概念和知识,或者共享设定等方面非常有效。

> 逻辑思考的要点之四：
>
> # 通过"数据"与"情感故事"让内容便于理解

让我们来看下面的文章。

根据国土交通省[①]2014年发布的数据，搭乘汽车发生事故时，是否系安全带与致死率有很大关系。

该数据显示，未系安全带的人，其致死率是系安全带的人的14.3倍。

从不同座位来看，驾驶座致死率为55.5倍，副驾驶座致死率为15.2倍，后座致死率为4.8倍。

虽然现在驾驶座和副驾驶座安全带佩戴率已经接近100%，但后座的佩戴率在普通道路上为36%，高速公路上也仅为71.8%。

利用数字就能正确地阐述事实。

---

① 译注：日本国土交通省，相当于中国交通运输部。

以上这段话不仅简明易懂,而且强调了安全带的重要性。

不过,如果想更进一步地阐述安全带的重要性,那么以下情景再现是比较有效的方法,在现实中也经常使用。

"今天终于有时间带孩子去他们很想去的游乐场,两个孩子都坐在后排座位。但在去游乐园的路上发生了车祸,由于两个孩子都没有系安全带,所以没能抢救过来。那时候要是系上安全带就好了……"

与之前的例子不同,这段话没有出现一个数字。

但听过这个事故的人,恐怕都不会忘记系好后座安全带吧。

为什么呢?因为人的大脑如果被感情所驱使,会更容易记忆。

如果配合数据来诉诸感情,那么会比单纯地陈列数据更能打动人,也更便于理解,令人记忆深刻。

第3章 简明易懂地表达
面对任何对象都能流畅说明的诀窍

23　先表明结论

人们喜欢先知道结论

在商业场景中，推荐先表明结论。

先来看以下例子。

原本应该在今天14点开始参加会议的DAIDAI公司的Y和M到14点15分时仍没来。

YELLOW公司的负责人A打电话进行确认后，向要参加会议的上司报告。

"关于今天14点开始的本公司会议，我已通过电话与对方取得了联络。对方表示，Y和M今天由于突然遭遇软件故障，不得不先处理该问题，并且之前他们已经向本公司前台通知了这一情况，但不知为何我并未收到，还好我主动进行了联络……另外，Y和M会在15点之前到达本公司。"

那么，听完A汇报的上司会怎么想呢？

恐怕听到一半时就想直接问结论"他们2人究竟什么时候来"了吧。

结合结论和理由

如果是以下这样的报告，就显得条理更为清晰，且具有逻辑性。

"关于今天14点的会议，我已经通过电话与对方取得了联系，对方通知到达时间改为15点。据说是因为软件故障，且已向本公司前台通知了这一情况，但我之前并未收到该通知。"

尤其是对于忙碌的商务人士而言，先表明结论往往更能简明易懂地让对方了解内容。

另外，将结论和理由组合起来进行表达，能让信息更为简洁清晰。

不过，这并不意味着要胡乱总结，强行表明结论。

请根据场合来区别使用。

第3章 简明易懂地表达
面对任何对象都能流畅说明的诀窍

从结论开始传达

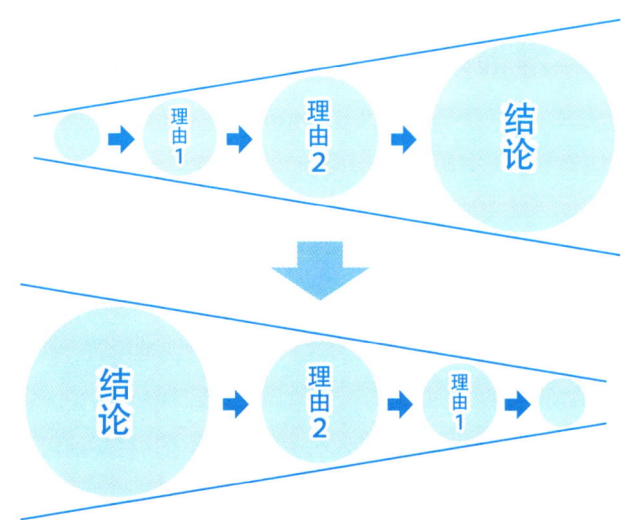

如果换成从结论开始阐述呢?

例题

有人前来咨询:"我们想提升网站的点击率,同时想知道点击率大概能提升多少。"对此,您做出了这样的简短回复:

"我已看了贵公司的网站。我们公司的SEO(用搜索引擎吸引用户)策略分为A、B、C三项,所采用系统为××,能吸引用户关注。最终点击率大概能提升20%。"

将这段话换为从结论开始阐述

解答示例 "已经看过贵公司的网站,预计通过本公司提供的服务,能提升20%的点击率。其原因首先在于本公司的三项SEO策略:A、B和C,加上本公司还采用了××系统,能进一步提高贵公司的网站知名度。"

> 逻辑思考的要点之五：
>
> # 附带视觉效果能增加说服力

打算预订人气观光汽车的A打开了汽车公司主页的预约网页，看到上面写着如下空座信息：

"×月×日×时发车的汽车空座状况如下：

"现在的空座有第1排的B座和E座，第2排的B座、C座、E座，第3排的E座，第4排的A座、B座、E座，第5排的B座、C座、E座，第6排的B座、E座，第7排的C座、D座、E座，第8排的C座、D座、E座，第9排的B座、C座，第10排的A座、B座，第11排的C座、E座。"

光看文字很难形成具体概念吧？
那么，来看下一页的一览表。
空座为白色，已预订的座位为蓝色。
这样一来，空座的情况就一目了然了。

第3章　简明易懂地表达
面对任何对象都能流畅说明的诀窍

视觉化表现清晰易懂

在以"清晰易懂"为优先时，视觉化表现能让人一目了然，便于理解。

一眼看过去就知道空座信息

11	A	B	E	C	D
10	A	B		C	D
9	A	B		C	
8	A	B	E	C	D
7	A	B	E	C	D
6	A	B		C	D
5	A	B		C	D
4	A	B	E	C	D
3	A	B	E	C	D
2	A	B	E	C	D
1	A	B	E	C	D

驾驶座

一眼就能了解问卷结果

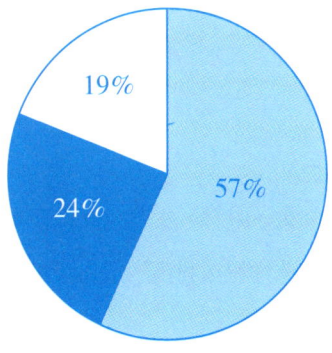

57%　24%　19%

仅阐述数字和文字不便于理解，配合表格或图示会更清晰易懂！

143

假如有人要求您"整理从2000年到2010年间，年销售额排在前五名的歌曲"，您会怎么做呢？

您会毫不犹豫地制作成一览表吗？

另外，如果汽车的时刻表不是表格，而是文字和数字的排列，那会怎么样呢？很容易想到，那是极其难懂的。

无论是汽车的座位表还是汽车的时刻表，我们在整理时都要具备2个视角。

如果是汽车的座位表，要有不同的排和A~E座，如果是年销售前5名的歌曲，要有年数和名次，如果是汽车时刻表，则要有小时和分钟。

比起用文字直线型地描述，利用图示这种视觉化方式展现内容，更易懂。

另外，在展示问卷调查结果时也一样。

总之，要表现数字规模时，配合图示在视觉上展示数字规模会更便于理解。

如果一眼看过去蓝色面积较大，那显然蓝色部分就是最多的。

像这样积极利用图示和画面，就能让您阐述的内容更清晰明了。

 具体的交流

讲点小故事

假如您听到这样的话："××很粗心大意呢。"

仅凭这一句话恐怕会让您产生疑问："哪里粗心？怎么粗心了？"

所以，就轮到小故事出场了。

"之前我和××一起去餐厅，他居然做了那样的事啊。"——补充实际发生的事。

于是，听者就会恍然大悟，同意"的确很粗心"的说法。

这就是具体事例的力量。

哪怕实际上××的行为并不算是特别粗心，但也可能让听者认为"××确实有粗心的一面"。这就是具体例子所具备的说服力。

自信的表达

假设您参加了一个与提升记忆力有关的研讨会。

该提升记忆力研讨会的讲师说话极不自信，声音小且语速快，那您

会怎么想呢？

恐怕会觉得"这个人真的懂提升记忆力吗？还是太紧张了呢？这么小声又说得这么快，恐怕本身就不太理解内容吧。"

人在表达某个事物时如果自信，语速不紧不慢，就会很容易获得他人的好感，也便于听者理解。

而要具有自信，就必须对说明内容有一定程度的理解。

提高理解程度就能增强自信，从而自然而然地表现出大方的态度，语调也会改变。

而这就会使听者产生"这个人很懂这方面的知识"的安心感。

先谈森林再谈树木

您听过"只见树木，不见森林"这句谚语吗？

它指的是拘泥于细节部分，反而忽略了整体。

如果谈话时也像这样只见树木却忽视整体的话，那么所说的内容会很难理解。

所以，在说话时候试着先阐述森林有多大，是怎样的森林，然后再谈树木。

第3章　简明易懂地表达
面对任何对象都能流畅说明的诀窍

逻辑思考的要点之六：

先传达整体概念更便于掌握

来看下面的例子。

花子在路边发现了一间面包烘焙讲座教室，对它产生了兴趣，于是走了进去。

刚好今天是讲座期别轮换日，如果从今天开始听课，等于赶上新课程的第一堂课。

花子赶紧报名参加了第1堂课。

第二堂课是下周四。

花子在回家路上突然想知道："这个面包烘焙讲座一共有几堂课来着？"

她咨询后得知，一共有8堂课。

"今天已经听完了8堂课的第一课，既然一周一次，那大致2个月就能完成。"

如果不知道一共多少课的话——

"现在听的课到整体的哪个部分了？"

"还有几堂课结束?"

就容易产生以上的疑惑,也难以安排计划。

在商业场合也一样,通过传达"整体概念""今天的主题""目标",能便于听者理解。

"计划说明需要花费15分钟。"

"重点有5个。"

"接下来大致要写30行左右的方案。"

"今天要学教科书的第30页到第45页。"

"这次要对××进行解说。"

工作中如果不能掌握整体状况,就会弄不清现在的进度,而不明确目标则会让人难以提起干劲,容易消极怠工。

而先告知整体概念和今天的主题,不仅便于听者理解,更便于交流。

25 用他人的话来增加说服力

借助他人的说服力

如果在众人面前演讲，大家都会紧张吧。

我们总会认为"周围的人一定都感受到我的紧张了"，但实际上并非如此。

我们的紧张其实并不会传递给听众。

看到这里，您是怎么想的呢？

也许您会认为："是吗？可能只是您个人看法吧，但我在极度紧张之下肯定会让周围的人也感受得到啊。"

但您知道，这其实是所谓的"聚光灯效应"，用白话来说就是"自我意识过剩"。

当得知这是一种被命名的心理现象后，您是否就会认同"紧张其实并不容易传递给别人"了呢？

更容易让人接受

爱迪生有句名言:"天才是99%的努力加1%的灵感。"

这类事业有成的名人所说的话具有极强的说服力。

但这句名言真正的意思是:"无论您多么努力,只要缺少1%的灵感都是无用的。"

这是否会让您认为:"什么嘛,结果还是'只要不是天才,多努力都没用'呢。"

不过,这句话也可以理解为:"努力是非常重要的,在此基础上1%的灵感也很重要。如果没有努力,就可能不会产生灵感。"

因此,对于名人的话,不同的理解会具有不同的效果。

这也是以他人的话增加说服力的例子。

事物被命名的效应意味着该效应被世人认可,能作为惯例被人接受,所以与其相关的内容也容易被世人接受。

另外,利用与所述内容相关领域的权威所说的话,也是增加说服力的有效方法。

第3章　简明易懂地表达
面对任何对象都能流畅说明的诀窍

利用名言来让对方接受

只是陈述事实或想法
➡ 容易让人怀疑"这是真的吗？"

结合谚语、名言、有名的小故事等来说明
➡ 容易让人认同"确实如此！"

加强说服力

例题

团队遇到一个不知该做还是该放弃的项目，如果需要您出面，鼓励团队成员选择继续去做，您应该如何阐述呢？

使用谚语，主张"继续做"

所以，我们应该继续做

解答示例　"俗话说'趁热打铁'，所以我们应该继续做。"

使用名人，主张"继续做"

所以我们应该继续做

解答示例　"塞涅卡曾任罗马帝国皇帝的家庭教师，他有一句名言：'不是因为事情困难，让我们不敢做，而是因为我们不敢做，事情才变得困难。'所以我们应该继续做。"

※ 另外，还可以引用该领域专家所写的书，或者借用成功者的言行，或者使用自古以来的习惯（老人的智慧等），或者引用民间故事，等等。

好玩的逻辑思考练习册

问题 13

"3个理由"：为什么这样便于理解？
—— 思考"背景" （20分钟）

为什么是"3个要点"

还是优点多一些的比较好。

但审核材料增加又很麻烦。

说这么多我根本记不住。

真希望他直接告诉我要点。

的确是3个左右比较合适

其理由是？

第3章　简明易懂地表达
面对任何对象都能流畅说明的诀窍

"有3个理由。"

"有3个要点。"

我们经常听到这样的说法。

事实上理由可能是1个，也可能是100个，但通常都会列举3个。

这是为什么呢？

我们可以试着从逻辑性的角度，站在说明某服务的角度来比较：当该服务有50个或3个宣传要点时、有1个和3个要点时，具体各有什么不同。

我认为，通常只需3个要点，它是有各种原因的。

所以，请大家试着思考看看。

这个问题的思考方法

这里要举出几个应该考虑的点。

（1）不能太少，最低限度为3个

理由：只有1到2个会让人觉得缺乏说服力，如果是3个的话，则可达到说服的标准。

（2）过多会使人难以理解

"这个理由有最多的人支持"，有1个这种极具冲击性的理由是非常好的。但理由达到4个时就会让人有点迷茫，如果增加到八九个，则会逐渐让人难以理解。

（3）过多会让每个理由都不受重视

假设某点心制造公司的会议室里聚集了10个人，并让在场的人列举

什么是重要的理由？

请举一个您喜欢的点心，并举出20个喜欢的理由。

在这一过程中，会逐渐让人模糊重点。
而浓缩为3个理由，则会让听者认为这3个理由都很重要。

100个优点。

但回头看这100个优点，会让人觉得任何一个都不重要。

人能够进行比较讨论的点最多3个，多于3个就会让大脑难以处理。

第3章　简明易懂地表达
面对任何对象都能流畅说明的诀窍

问题 14

"奶酪的种类"：加入评判会怎样？
——思考"视角" （20分钟）

没有依据就无法说服别人

我认为奶酪的种类太多了。

您有什么依据吗？

哎呀，太多会让人犹豫不决嘛。
要是我的话，会觉得选项过多太麻烦。

依据呢？

人好像在面对过多选择时会停止思考，所以我建议减少超市里出售的奶酪种类。

依据呢？

155

A的公司经营一家超市。

某一天，他认为超市里出售的奶酪种类太多了。于是他去找上司，发生了以上对话。

被认为依据太少的A随后展示了下图的数据。

该依据没问题吗？

我认为奶酪的种类过多了。

美国曾做过一个关于果酱的实验，在销售共6种果酱和销售共24种果酱时，数据表明购买6种果酱之一的顾客达30%，是24种果酱销量的10倍。
可见最好是缩减选项，所以建议将〇×超市中出售的奶酪种类控制在6种。

依据是否正确？

该实验是否能得出"人在面临过多选项时会放弃选择"的结论？

这里稍微介绍一下如下所述的美国实验。

该果酱研究来自于哥伦比亚大学商学院的希娜·艾扬格。

美国某超市推出了试吃区，并在该区域销售果酱。

先出售共24种果酱，过几小时之后换为6种。反复多次，观测顾客的反应。

结果发现果酱为6种时，有30%的客人会购买，但换为24种时，仅有3%的客人会购买。

既然将种类降低至1/4反而能得到10倍销售量，就可知"人在面临过多选项时会放弃选择"。

您对该实验有什么看法呢？

请稍微开动一下脑筋。

另外，为了练习大家的逻辑思考力，我们试着对该实验结果做出"3个评判"。

这个问题的思考方法

评判1：这是关于果酱的调查吧？

该实验本来只是针对果酱的。

当然，果酱的例子也许能通用于奶酪。但如果是下面的例子又如何呢？

恐怕会让人觉得"宣传方案、甜甜圈和方便面的种类都太少了吧"。

因为24种比6种给人的感觉更好一些。

请思考给人这种感觉的原因。

宣传方案有依据事实简明易懂的类型，也有以情动人的类型，还有

这只是关于果酱的实验

评判1：这是关于果酱的调查吧？

广告代理商

原来如此，既然能提升10倍销售力，那选项多会让人放弃选择就是事实了。那么我们就把对顾客的宣传方案缩减为3个吧！

虽然我们开的是甜甜圈店，但既然果酱实验研究这么说，我们还是将现有的30种甜甜圈缩减为销量最高的7种吧！

甜甜圈店

超市运营

6种的销量是24种的10倍。好，那就将24种方便面减至6种好了！

如果不牢记这是针对果酱的实验的话，不仅不能说服他人，还会让人觉得您是拘泥于奇怪数据、缺乏逻辑性的人。

能凭借意外性吸引顾客的类型，也有以宣传口号制胜的类型。总之，通常会从不同的方向提出方案。

而去甜甜圈店的顾客如果是想从各式甜甜圈中选择自己喜欢的口味，那突然发现从30种缩减至7种，肯定会很失望。

不足以作为依据来考虑

评判2：这是美国的实验吧？

A销售奶酪的公司如果位于法国，将奶酪的品种减少为6种时，也许会让人感到不可理解。

如果减少的品种不是果酱，而是美国的谷类食品，或日本的生鱼片，同样会让人感到不可理解。

评判3：这是因为在超市，才会有这种结论吧？

销量好的果酱可能是因为价格适中，所以缩减为6种时销量上升。

销售24种果酱时，可能由于超市摆放场所不佳的原因，顾客没注意到更多的品种，很多品种也就被忽略了。

因此

虽然实验或统计所得出的数据具有强大的说服力，但弄错使用方法，可能就成为奇怪的论证。

方便面只有6种显然也太少了。

酱油口味、豆豉酱口味、猪骨口味、酱汁炒面口味、油豆腐乌冬口味、咖喱乌冬口味、荞麦面口味……这就已经超过6种了。

评判2：这是美国的实验吧？

实验是在美国进行的。

如果在日本做同样的实验，可能会得到不同的结果。

因为场所变化也会带来情况的变化。

评判3：这是因为在超市，才会有这种结论吧？

这是在超市做的实验。

如果是在果酱专卖店做同样的实验，也可能得到截然相反的结果。

因此，随意地将该实验的结果套用于甜甜圈专卖店或咖喱专卖店等，显然是不对的。

第3章 简明易懂地表达
面对任何对象都能流畅说明的诀窍

问题 15

"促销活动"：如何才能实现"简明易懂地说明"？
——利用"项目单"来思考　　　　　　（15分钟）

为什么难以理解？

促销活动预定于10月2日开始。
准备3000个"轻松除尘棒亮晶晶2支装"，在做活动时候分发。
也就是并非平常销售的10支装，而是要制作促销活动用的2支装。
促销活动结束后将普通商品"轻松除尘棒亮晶晶10支装"打折10%出售，活动中认为"不错"的人可能会购买。
在准备2支装时，还要在袋子里放入10支装降价的宣传单。
促销活动持续两周，在超市分发。

S

161

S 在公司会议上对"轻松除尘棒亮晶晶2支装"做了上述促销活动说明。

S 将自己想说的内容全部介绍完毕,自认为做了一次不错的说明。

但该说明有个很大的缺点。

通常难以实现逻辑性表达的原因是由于没能在自己脑中做好内容整理。

利用"时间序列"更简明易懂

活动前
· 准备3000个"轻松除尘棒亮晶晶2支装"
· 袋中装有"10支装"的降价宣传单

活动中
· 促销活动从10月2日起为期2周
· 在超市等地分发样品

活动后
· "轻松除尘棒亮晶晶10支装"打折10%出售

第3章　简明易懂地表达
面对任何对象都能流畅说明的诀窍

S的说明让人感到特别难以理解。

原因是什么呢？

这个问题的思考方法

这种情况利用上述"时间序列"的选项单就能让内容更清晰易懂。

假设电视剧或电影中的"时间序列"乱七八糟，比如以下医疗题材的电视剧会让您有怎样的感觉呢？

（1）开场

（2）患者A接受手术的场景

（3）主角（医生）查看病例和检查所拍医疗影像片子的场景

（4）患者A出售商品的场景（患者的职业展示）

（5）患者A感动的场景

（6）主角和患者A初次见面的场景

（7）患者A倒下的场景

（8）结尾

这个序列看似有趣，实际却让人不知道究竟是怎么发展的。

"注意时间的流逝"是让内容变得清晰易懂的手段之一。

问题 16

"树状图演示":什么样的笔记清晰易懂?
——利用"思考工具"来思考 　　　　(30分钟)

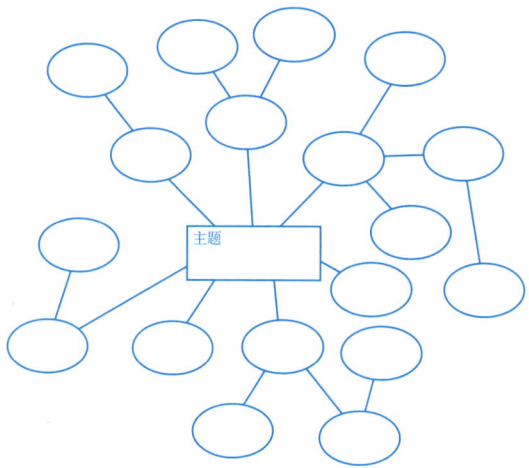

将"思考"制成树状图

"我不应该写这些东西。"
"字太难看,只有自己能看懂。"
"弄不清是否跟主题真的有关系,所以写不出来。"
"思维太幼稚。"
……各种烦恼让写作变得困难。

第3章 简明易懂地表达
面对任何对象都能流畅说明的诀窍

我们在演讲或讲座中会看到,有的人是朗读事先准备好的演讲稿,有的人则是在脑中组织语言,然后临场发挥。

哪一种更易懂呢?

恐怕是临场发挥的人吧。但实际上,如果我们要在众人面前演讲,可以在手边放一个谈话内容的提要。

这里推荐如上图所示的树状图演示。

不需要文章,只要写好从开始到结尾的简单树状图,就能应对演

在商业中使用思维导图

将演讲的流程视觉化

该图让说话流程一目了然,能防止在演讲中忘词或者一时想不起要说内容的情况。如果写成文章,容易让演讲变成照本宣科,不便于听众理解。如果画成思维导图,就能够帮助演讲者用自己的语言来做说明。

讲、讲座或致辞了。

这种思考工具被称作"思维导图"。

像这样事先做好提要,就没有必要一字一句地去看文字,视线更加自由,且便于自身理解内容。

文字提要做得越好越利于自己谈话,大家可以试一试。

怎么写则是各人的自由了。

以商品开发为例

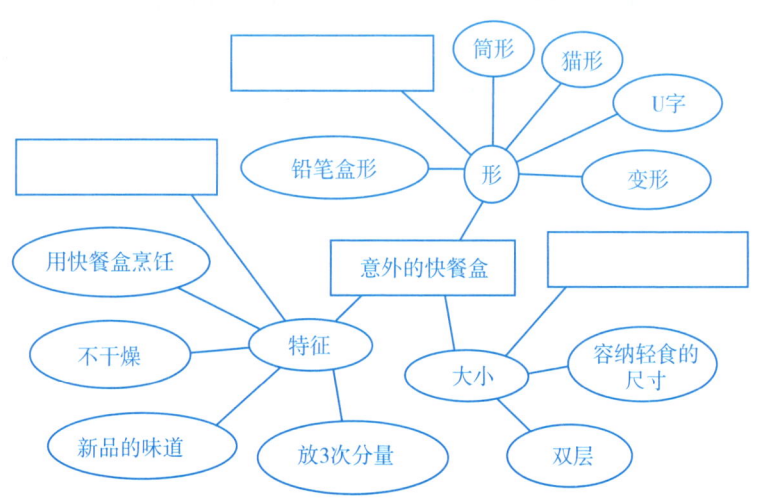

暂且不考虑实际可行性,先一股脑地写出来,配合图画和拟声词也可以。

这样一来,可以有效避免思考一直在同一个地方打转,或者忘记所想到的东西,且动手还能让大脑更为活跃。

可以用彩色笔来写，也可以增加关键词，也可以加入图画。

重点在于要自己进行归纳。

在这一过程中，人的思维会逐渐清晰，在展示走向、图画或关键词时也能加深记忆。

总之只要自己能看懂即可，不需要拘泥于形式。

让我们来尝试一下。

上图是考虑进行新产品开发时使用思维导图的例子。

请填写空栏，增加新的分支也可以。

因为如果不立刻将想到的东西记下，就很容易转头就忘记，所以利用书写工具作为笔记是非常方便的。

大家可以在整理好脑子里思考的东西并依次写出来时合理使用。

思维导图既可以作为演讲原稿或者写出脑中想法的便利工具使用，也可以有另一种用法。

那就是作为加深理解的工具使用。

下面的思维导图归纳了《三头小猪》的故事情节。

而归纳能加深理解，并且在回顾时一目了然。

《三头小猪》的故事梗概

从前某个地方生活着三头小猪。

它们各自建造自己的家，大哥用稻草盖房子，二哥用木头盖房子，小弟则用砖头盖房子。

山里住着一匹大恶狼，下山袭击了它们。稻草房子轻易被摧毁，大哥被它吃进了肚子里；木头房也一样，二哥也没逃出狼口。

最后大恶狼来到了剩下的小弟家，但砖头房十分坚固，大恶狼未能得逞。

写出来能加深理解

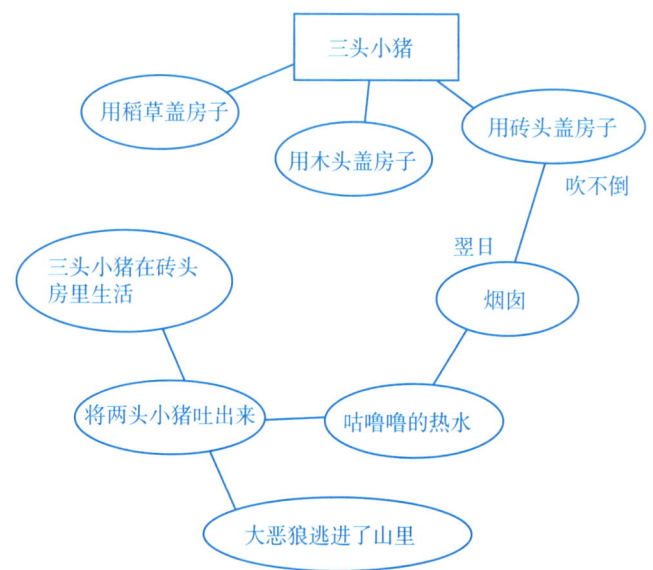

比如，在读故事时写下关键词，将有关联性的部分用线连起来，这样就能将故事流程视觉化。

大恶狼心生一计,想从烟囱爬进去,但落入了下面烧得咕噜噜的开水里。

大恶狼吐出吃掉的两头小猪,逃之夭夭。

《稻草富翁》的故事

从前有一个非常贫穷且倒霉的男人。

男人向观音祈愿,得到了观音的启示:"拿着你第一个接触到的东西往西走。"

男人离开寺庙时不小心摔了一跤,手中抓住了一根稻草。于是,他按照启示,拿着稻草上了路。

途中飞来一只马蝇,男人就将马蝇系在稻草的一端继续赶路。

男人在路上遇到一个男孩,男孩想要系着马蝇的稻草。男人将稻草给了男孩,得到了男孩母亲送的3个橘子。

继续往前,遇到路边一名身体不适的女性。她似乎很口渴,想要男人的橘子,作为交换,她赠予男人漂亮的布匹。

"一根稻草变成了漂亮的布匹",这让男人欣喜不已,继续往西走去。

不久,男人看到了一匹瘫软的马。侍卫说自己急着赶路,但马动不了,正为难呢。随后侍卫表示想用马来交换布匹,男人同意之后,细心照料马儿,让它恢复了精神。

男人继续往西走,发现了一栋大宅邸,宅邸的主人看到健康的马儿后说道:"我接下来要去旅行,需要一匹马,可以用我的房子和您作交换吗?"主人还说,"如果我几年也没有回来,那这栋房子和田地都送给您。"然后就离开了。

主人最后果然没有回来,于是男人成了富翁。

写思维导图还能帮助整理脑中的想法。

大家可以先试着随手写下自己想到的东西,可以自由地增加关键词选项。

如果是用于演讲的话,关键在于"让自己一目了然"。

这时无须在意是否便于别人理解。

在写的过程中,您会逐渐掌握属于自己的写法和诀窍。

上面的文章是《稻草富翁》的故事。

假设您要在别人面前讲述《稻草富翁》的故事,以此来写思维导图。

在脑中整理该故事时,应该能让您感到加深了对它的理解。

要实现有条理的思考,偶尔灵活使用这样的工具也会让人觉得很有趣。

那么,本书作为逻辑思考的入门书,从各个视角做了一些浅谈,现在您有什么感想呢?

我们只要活着,就会在日常生活或商业场所中面临无数选择,自然也要不停地做出决断。

这时,了解逻辑思考方式不仅能帮助您快速且轻松地做出决断,还能让思考过程本身变得更加愉快。

第3章　简明易懂地表达
面对任何对象都能流畅说明的诀窍

《稻草富翁》的故事

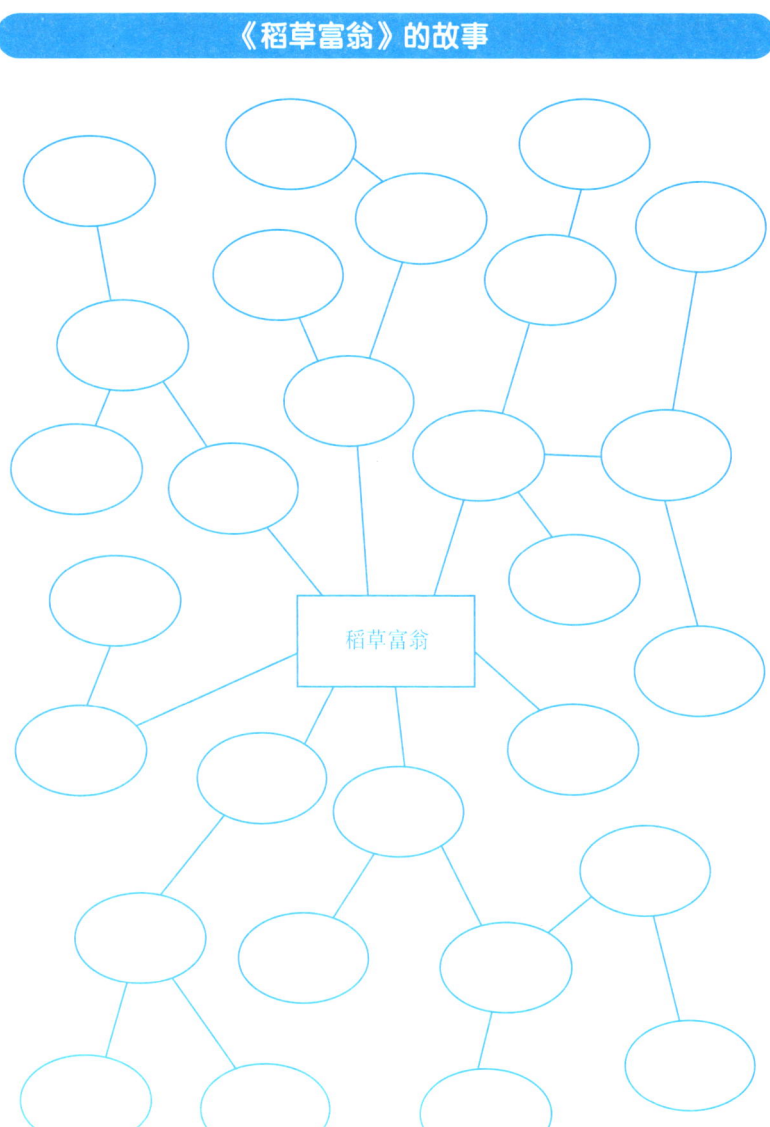

逻辑思考并不像人们想象的那么难,它是能让事物更简明易懂的便捷思考方法,如果本书能让大家领会到这一点,那就已经完成使命了。

最后,请在享受"附加谜题"的过程中,结束阅读本书吧。

第3章　简明易懂地表达
面对任何对象都能流畅说明的诀窍

附加谜题④　　分房间谜题

难度 ★★★☆☆

按规则分割墙壁，隔开房间

规则

- 房间全都是四边形（长方形或正方形）。
- 格子里的数字表示包含该格子在内的几个格子构成的房间。
- 房间不能重叠。另外，格子必须全部用完。

	2	6					3
4			3				
						9	
				5			
		9				3	2
				2	2		
			3				6
			4		3		
	8				5		2

（答案在174页）

附加谜题答案

附加速题① 数字拼图

3	4	8	1	2	6	9	7	5
2	5	9	7	8	4	3	6	1
7	1	6	9	5	3	4	2	8
1	2	4	6	9	8	5	3	7
6	7	5	4	3	8	1	9	2
9	8	3	2	1	7	6	5	4
5	3	1	8	6	2	7	4	9
4	9	7	3	2	1	8	6	5 (?)
8	6	2	5	4	9	7	1	3

提示

最关键的一点是，除了确定数字的格子之外，先不要填其他格子。

附加速题② 数回

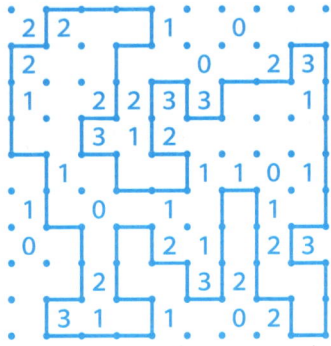

提示

首先在"0"的周围打"×"。知道这条路线不行后立刻打"×"，从已经弄清楚的部分开始解谜。

附加谜题③ 变形的池子

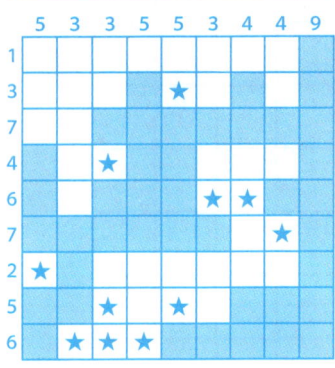

提示

解谜时不要忘记整体必须相连这一点。从最下方的列开始思考可能会比较简单。

附加谜题④ 分房间谜题

	2	6					3
4			3				
						9	
			5				
9					3		2
		2		2			
	3					6	
		4		3			
8				5			2

提示

从大数字的房间开始思考会比较简单。另外要注意4和6有多种房间形状。